"十三五"计算机类项目化规划教材

计算机应用技术

主　编　姜小花　　胡晓锋

副主编　王月明

北京邮电大学出版社
www.buptpress.com

内 容 简 介

本书由计算机专业教学人员依据高等职业教育学生学习特点组织编写,系统地介绍了计算机常用软件的必备知识和技能,包括进阶办公软件操作知识、一般图文与多媒体文件的编辑加工、计算机数据维护和计算机系统安全保障等内容。各章内容基本独立,可根据实际情况进行选择。本书从职业能力培养的角度出发,力求体现职业培训的规律,满足职业技能培训与鉴定考核的需要,舍弃了烦琐的理论说明,突出了实际能力的培养。在内容处理上,注重分清主次、突出重点,以"必要"和"够用"为度,力求简捷,以实际操作流程贯穿全书。

图书在版编目(CIP)数据

计算机应用技术 / 姜小花,胡晓锋主编 . -- 北京:北京邮电大学出版社,2018.2(2024.1 重印)
ISBN 978-7-5635-5381-5

Ⅰ. ①计… Ⅱ. ①姜… ②胡… Ⅲ. ①电子计算机—高等职业教育—教材 Ⅳ. ①TP3

中国版本图书馆 CIP 数据核字(2018)第 021015 号

书　　　　名:计算机应用技术
著作责任者:姜小花　胡晓锋　主编
责 任 编 辑:满志文
出 版 发 行:北京邮电大学出版社
社　　　　址:北京市海淀区西土城路 10 号 (邮编:100876)
发 　 行 　 部:电话:010-62282185　传真:010-62283578
E-mail: publish@bupt.edu.cn
经　　　　销:各地新华书店
印　　　　刷:北京虎彩文化传播有限公司
开　　　　本:787 mm×1 092 mm　1/16
印　　　　张:14.75
字　　　　数:364 千字
印　　　　次:2024 年 1 月第 9 次印刷

ISBN 978-7-5635-5381-5　　　　　　　　　　　　　　　　　　　　　定 　 价:32.00 元

前　　言

近年来,随着信息技术产业的迅猛发展,计算机广泛应用于社会各个工作领域,特别是随着办公自动化程度的不断提高,熟练操作计算机、使用办公软件和简单的多媒体编辑已经是高校学生必备的能力和素质。同时,由于学习计算机知识的起点不断提高,计算机基础课程的教学改革不断深入,对于计算机应用基础课程应该教什么、怎么教、学生学什么、怎样学的问题,都在不停地探索与实践中。

根据编者多年的教学经验,本书从分析职业岗位技能入手,从办公软件应用出发,以Windows 7 操作系统和 Office 2010 办公软件为平台,以现代化企业办公中涉及的文件资料管理、文字处理、电子表格和演示软件的使用及数据维护、系统维护的应用等为主线,通过设计具体的工作任务,引导学生进行实战演练,突出学生能力的培养,最终提升学生的计算机应用能力和职业化的办公能力。

本书具有以下几个特点:

(1) 以实际任务为驱动,以工作过程为导向,通过真实的工作内容构建教学情景,教师在"做中教",学生在"做中学",实现"教、学、做"的统一。

(2) 本书在内容设计上体现了知识的模块化、层次化和整体化;在内容选择上以计算机操作员国家职业标准和计算机应用基础课程标准为依据,按照先易后难、先基础后提高的顺序组织教学内容,符合初学者的认知规律。

(3) 工作任务的设计突出职业场景,在给出任务描述和任务分析后提供任务的具体实现步骤,然后提炼出完成任务涉及的必要知识点,最后配有相应的训练任务做巩固练习之用。

本书编写由烟台工程职业技术学院姜小花老师、河南经贸职业学院胡晓锋老师担任主编,编写分工如下:姜小花编写第一章、第二章、第三章、第四章,编写字数约 220 千字;胡晓锋编写第五章、第六章、第七章、第八章、第九章、第十章,编写字数约 123 千字;北京科技大学王月明老师为副主编、编写第十一章。

本书涉及的公司名称、个人信息、产品信息等内容均为虚构,如有雷同,纯属巧合。

需要特别指出,虽然编者竭尽所能,精心策划章节结构和内容编排,尽可能简明而准确地表述其意,但限于水平和资料,书中的不足之处在所难免,恳请读者不吝指正。

编　者

目 录

第一章 文档处理 Word 2010

学习目标

- 掌握文本的编辑。
- 掌握字符和段落的格式化。
- 掌握表格和图片的处理。
- 掌握邮件合并的方法。
- 掌握页面设置的方法。

任务一 样式的使用

任务描述

在编辑文档的过程中，经常会遇到多个段落或多处文本具有相同格式的情况。例如一篇论文中每一小节的标题都采用同样的字体、字形、大小以及前后段落的间距等，如果一次又一次地对它们进行重复的格式化操作，既会增加工作量，又不易保证格式的一致性。利用Word 2010 提供的"样式"功能，可以很好地解决这一问题。本次任务是应用样式对"聘用合同书"进行格式化，要求掌握样式的创建、修改和应用等操作。

任务分析

（1）将文档中"第一条 合同期限"段落保存为样式，样式名为"条款"。

（2）将"条款"样式应用到文档中的"第二条……""第三条……"至"第八条……"的七个段落中。

知识链接

1. 应用样式格式化文档

选定需要格式化的文字或段落，在"开始"选项卡中有个"样式"组，如图 1-1 所示，单击右下角的 按钮，可打开"样式"窗口，如图 1-2 所示；单击样式库中的"其他" ，可打开如图 1-3 所示的样式。将鼠标指针停留在任意样式上能实时预览效果，找到最适合的样式后，单击样式即可将其应用到所选内容中。

图 1-1 "样式"组

图 1-2 "样式"窗口   图 1-3 展开所有样式

2. 快速样式使用

在"开始"选项卡上的"样式"组中,单击"更改样式"按钮,用鼠标指针指向"样式集"以查找预定义的样式,如图 1-4 所示。将鼠标指针停留在任意样式上能实时预览效果,找到最适合的样式后,单击"样式"即可将其应用到所选内容中。

3. 创建新样式

在"样式"窗口中,单击"新建样式"按钮,打开"根据格式设置创建新样式"窗口,如图 1-5 所示。根据需要设置新样式的属性和格式,设置完成后的新样式保存在样式集中。

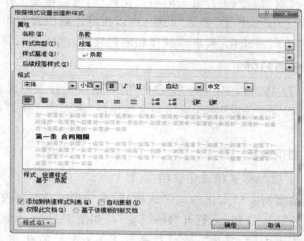

图 1-4 快速样式   图 1-5 创建新样式窗口

任务实施

(1) 选定文档"第一条 合同期限"段落,在"开始"选项卡上的"样式"组中,单击右下角

的 ▣ 按钮,打开如图 1-2 所示"样式"窗口,单击"样式"窗口下方的"新建样式"按钮▣,弹出"根据格式设置创建新样式"对话框,如图 1-5 所示,在"名称"文本框中输入样式名"条款",然后单击"确定"按钮,新建的"条款"样式保存在样式集中。

（2）分别选定文档中的"第二条……""第三条……"至"第八条……"七个段落,单击"样式"窗口中的"条款"样式,该样式就应用到了这七个段落中。

任务二　添加项目符号和编号

任务描述

为了使文档层次分明,结构清晰,便于阅读,可以使用"项目符号和编号"功能对文档段落进行自动编号。本次任务是应用项目符号和编号对"聘用合同书"进行编辑。

任务分析

（1）给"聘用合同书"第七条第 6 点下面的三段文字添加项目符号,效果如图 1-6 所示。

◆ 凡由市区县教育行政部门或单位出资进修培训,乙方应按规定赔偿进修培训费。
◆ 凡在规定服务期内的大中专毕业生按市有关文件规定支付赔偿费。
◆ 凡是由市区县教育行政部门所分配的住房,按本市及单位主管部门房屋分配使用的有关规定执行。

图 1-6　添加项目符号效果

（2）给"聘用合同书"第八条下面的五个段落添加编号,效果如图 1-7 所示。

1. 甲乙双方因实施聘用合同发生人事争议,按《实施意见》第六条人事争议处理的有关条款执行。
2. 本合同一式叁份,甲方二份,乙方一份,经甲、乙双方签字后生效。
3. 本合同条款如与国家法律、法规相抵触时,以国家法律、法规为准。
4. 本合同的未尽事项,按国家有关规定执行。
5. 双方认为需要规定的其他事项。

图 1-7　添加编号效果

知识链接

单击"开始"选项卡上的"段落"组中的"项目符号"下三角按钮,可以在展开的"项目符号库"中选择需要的项目符号。若"项目符号库"中没有适合的项目符号,可以单击"自定义新项目符号"选项进行自定义新项目符号。同样,若"编号库"中没有适合的编号,可以单击"自定义新编号格式"选项进行定义。

任务实施

（1）选定"聘用合同书"第七条第 6 点下面的三段文字,在"开始"选项卡上的"段落"组中,单击"项目符号"下三角按钮,在展开的库中选择需要的样式,如图 1-8 所示。

（2）选定"聘用合同书"第八条下面的五个段落,在"开始"选项卡上的"段落"组中,单击"编号"下三角按钮,在展开的库中选择需要的样式,如图 1-9 所示。

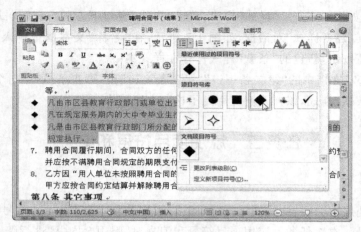

图 1-8　添加项目符号

图 1-9　添加编号

任务三　插入日期

任务描述

本次任务是给"聘用合同书"插入日期。

任务分析

在"聘用合同书"文档末尾,给甲乙双方添加日期"二〇一二年二月二十五日"。

知识链接

如果在"日期和时间"对话框中选择日期格式后,选中"自动更新"复选框,那么在以后打开该文档时,插入的日期将自动更新,即显示的日期为打开文档时的日期。

任务实施

（1）把插入点定位在甲方需插入日期的位置，选择"插入"选项卡，单击"文本"组中的
"日期和时间"按钮，弹出"日期和时间"对话框，如图 1-10 所示。选择所需的日期样式，单击"确定"按钮即可插入日期。

（2）用同样的方法，在乙方下面插入日期，保存文档。

Word 2010 不但擅长处理普通文本内容，还擅长编辑带有图形对象的文档，即图文混排。本项目的任务是使用 Word 2010 设计并制作图文并茂、内容丰富的电子宣传报，如图 1-11 所示。通过本次工作任务要求掌握页面设置和分栏，以及在文档中插入艺术字、文本框、图片、自选图形、SmartArt 图形等操作。

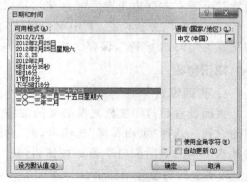

图 1-10　"日期和时间"对话框

图 1-11　电子宣传报结果

任务四　页面设置和分栏

任务描述

在建立新文档时，Word 已经自动设置默认的页边距、纸型、纸张方向等页面属性。本次任务是创建电子宣传报文档，根据需要对页面属性进行设置，然后把文档分成两栏，使页面更加实用美观。

📖 **任务分析**

（1）使用 Word 2010，创建一个文件名为"电子宣传报"的新文档，然后进行页面设置，设置其上下左右页边距皆为"1 厘米"，纸张方向为"横向"。

（2）将文档分成两栏，其中第一栏的宽度为"24.64 字符"，间距为"2.02 字符"，第二栏的宽度为"48.11 字符"，保存文档。

📖 **知识链接**

1. 页面设置

页面设置是打印文档之前必要的准备工作，主要是指页边距、纸张大小、纸张来源和版面的设置。选择"页面布局"选项卡，在"页面设置"组中可以设置文档的页面属性，也可以单击其右下角的对话框启动器 按钮，打开"页面设置"对话框，如图 1-12 所示。该对话框中4 个选项卡的功能介绍如下。

（1）"页边距"：设置纸张边距与页眉页脚的位置。页边距是指文字与纸张边缘的距离。

（2）"纸张"：主要进行纸张大小、用纸方向及应用范围的设置。

（3）"版式"：进行页眉页脚的设置和文档垂直对齐方式等设置。

（4）"文档网格"：可实现在文档中每行固定字符数或每页固定行数的设置。

2. 分栏

在书籍、报刊和杂志中常用到分栏，使版面空间得到更充分的利用。可以对整个文档进行分栏，也可以只对单个或几个段落进行分栏。选择"页面布局"选项卡，在"页面设置"组中可以设置分栏，也可以通过"更多分栏"选项打开"分栏"对话框，如图 1-13 所示。

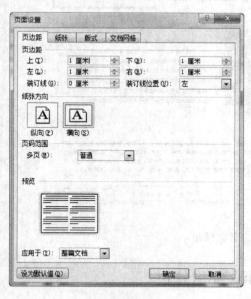

图 1-12　"页面设置"对话框

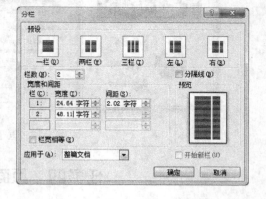

图 1-13　"分栏"对话框

📖 **任务实施**

（1）启动 Word 2010 应用程序，创建一个新文档，以"电子宣传报"为文件名保存。选择"页面布局"选项卡，在"页面设置"组中单击其右下角的对话框启动器 按钮，打开"页面设置"对话框,设置其上下左右页边距皆为"1厘米",纸张方向为"横向",如图1-12所示。

（2）在"页面设置"组中单击"分栏"命令按钮,选择"更多分栏"选项打开"分栏"对话框,设置其栏数为"2",其中第一栏的宽度为"24.64字符",间距为"2.02字符",第二栏的宽度为"48.11字符",如图1-13所示,完成后保存文档。

任务五　插入文本框

任务描述

使用Word对文档进行排版时,经常需要用到文本框。利用文本框可以方便地将文字、图片等内容放在文档的任意位置,还可以对文本框中内容的格式进行设置。本次任务是给"电子宣传报"文档插入文本框,并设置文本框的格式,掌握在文档中插入文本框的基本操作。

任务分析

（1）在"电子宣传报"文档的第一栏插入文本框,并设置格式,效果如图1-11所示。其中,文本框的"形状轮廓"为"橄榄色,强调文字3,深色50％";"线形"宽度为"10磅",复合类型为"由粗到细",线端类型为"圆形";"发光和柔化边缘"设置其颜色为"橄榄色,强调文字3,深色50％",大小为"8磅",透明度为"40％"。

（2）在文档的第二栏插入四个文本框,并输入相应的文字内容。其中,第一个文本框放置左上方的文字内容,第二个放右上方的图片,第三个放下半部分所有内容,第四个放左边的图片。各文本框的位置、大小、形状、边框、底纹等格式效果如图1-11所示。

知识链接

1. 在文档中插入内容

在文档中可以插入表格、图片、自选图形、SmartArt图形、艺术字、文本框、公式、符号、超链接等内容。选择"插入"选项卡,插入内容的命令按钮就展现在功能区中,如图1-14所示。

图1-14　"插入"选项卡

插入文本框后,双击其边框,功能区展现"绘图工具"格式栏,如图1-15所示。

图1-15　"绘图工具"格式栏

2. 插入文本框

在制作文档的过程中,一些文本内容需要显示在图片中,或者放置在文档的指定位置,此时可以运用 Word 提供的文本框功能,以文本框的形式排列文字内容。文本框包括横排文本框和竖排文本框两种。选择"插入"选项卡,在"文本"组中单击"文本框"按钮,打开如图 1-16 所示的选项。可以选择系统内置的文本框模板,也可以选择绘制文本框或者绘制竖排文本框选项。绘制文本框后,双击文本框的边框,功能区展现如图 1-15 所示的"绘图工具"格式栏,利用这些工具可以设置文本框的格式,也可以单击"形状样式"组右下角的按钮 ,打开"设置形状格式"对话框进行格式设置,如图 1-17 所示。

图 1-16 "文本框"选项

图 1-17 设置文本框形状格式

任务实施

（1）打开"电子宣传报"文档，选择"插入"选项卡，在功能区中单击"文本框"按钮→"绘制文本框"选项，在文档的第一栏绘制一个文本框。双击文本框边框，在功能区单击"形状轮廓"按钮，在下拉选项中选择主题颜色为"橄榄色，强调文字3，深色50％"；单击"形状样式"组右下角的按钮，打开如图1-17所示的"设置形状格式"对话框，单击"线型"按钮，然后设置"线型"宽度为"10磅"，复合类型为"由粗到细"，线端类型为"圆形"；单击"发光和柔化边缘"按钮，设置其颜色为"橄榄色，强调文字3，深色50％"，大小为"8磅"，透明度为"40％"。

（2）使用上述的插入文本框的方法，在文档的第二栏插入四个文本框，并设置文本框的格式和输入相应的文字内容（步骤略）。各文本框的位置、大小、形状、边框、底纹等格式效果如图1-18所示。

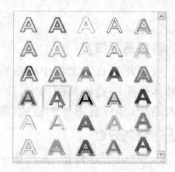

图1-18 艺术字样式

任务六　插入艺术字

任务描述

灵活运动Word中艺术字的功能，可以为文档添加生动且具有特殊视觉效果的文字。本次任务是给"电子宣传报"文档插入艺术字，并设置艺术字的格式，掌握在文档中插入艺术字的基本操作。

任务分析

（1）在"电子宣传报"文档第一栏的文本框内插入艺术字"美丽的花朵"，效果如图1-11所示。其中，艺术字样式为"渐变填充－橙色，强调文字颜色6，内部阴影"；文字效果为"转换，波形2"，字体为"宋体"，字号为"小一"。

（2）在文档第二栏左上角文本框内插入艺术字"花的知识知多点"，效果如图1-11所示。其中，艺术字样式：填充－红色，强调文字颜色2，粗糙棱台；字体：华文行楷，二号；字体颜色：橙色，强调文字颜色6，深色50％；文字效果：字体，发光，紫色，8pt发光，强调文字颜色4。

知识链接

艺术字

艺术字是作为图形对象放置在文档中的，用户可以将其作为图形来处理，因此在添加艺术字并对艺术字样式、位置、大小进行设置时，操作方法比较简便。

任务实施

（1）打开"电子宣传报"文档，将插入点定位于第一栏的文本框内，选择"插入"选项卡，在功能区中单击"艺术字"按钮，打开"艺术字样式"下拉选项，如图1-18所示，在下拉选项中设置艺术字样式为"渐变填充－橙色，强调文字颜色6，内部阴影"，然后在文本框中输入文本"美丽的花朵",设置文字效果为"转换,波形 2",设置字体为"宋体",字号为"小一"。

（2）用任务实施 1 的方法完成艺术字"花的知识知多点"的插入操作,步骤略。

任务七　插入图片

任务描述

图片是日常文档中的重要元素之一。在制作文档时,常常需要插入相应的图片文件来具体说明一些相关的内容,使文档内容更充实更美观。本次任务是给"电子宣传报"文档插入图片,并设置图片的格式,掌握在文档中插入图片的基本操作。

任务分析

在"电子宣传报"文档第一栏的文本框内插入图片"pic 1"和"pic 2",在第二栏插入图片"pic 3"和"pic 4",并设置图片的大小、位置以及图片的文字环绕方式和图片样式等,效果如图 1-20 所示。

知识链接

图片格式设置

插入图片内容后,双击图片,功能区展现"图片工具"格式栏,如图 1-19 所示。利用这些格式按钮可以很方便地设置图片格式。

图 1-19　"图片工具"格式栏

任务实施

打开"电子宣传报"文档,将插入点定位于第一栏需插入图片的位置,选择"插入"选项卡,在功能区中单击"图片"按钮,打开"插入图片"对话框,如图 1-20 所示,双击图片"pic 1"插入图片,然后在指定位置分别插入图片"pic 2""pic 3"和"pic 4"。

双击选中图片,将鼠标放置在图片四个角处,鼠标呈双箭头形,按住鼠标拖动图片,则可以更改图片的大小而不改变图片的比例;若将鼠标放置在边线上,则会改变图形的长、宽,从而比例也会改变。

更改图片位置同样需要先双击选中图片,将鼠标放置在图片中心,按住鼠标将图片拖动至目标位置。

"自动换行"菜单中每种文字环绕方式的含义如下所述。

（1）四周型环绕:不管图片是否为矩形图片,文字以矩形方式环绕在图片四周。

（2）紧密型环绕:如果图片是矩形,则文字以矩形方式环绕在图片周围,如果图片是不规则图形,则文字将紧密环绕在图片四周。

（3）穿越型环绕:文字可以穿越不规则图片的空白区域环绕图片。

图 1-20　"插入图片"对话框

（4）上下型环绕：文字环绕在图片上方和下方。

（5）衬于文字下方：图片在下、文字在上分为两层，文字将覆盖图片。

（6）浮于文字上方：图片在上、文字在下分为两层，图片将覆盖文字。

（7）编辑环绕顶点：用户可以编辑文字环绕区域的顶点，实现更个性化的环绕效果。

并设置图片的大小、位置以及图片的文字环绕方式和图片样式等，得到如图 1-11 所示的效果。

任务八　插入 SmartArt 图形

任务描述

SmartArt 图形是信息和观点的可视表达形式，以便更轻松、快速、有效地传达信息。本次任务是给"电子宣传报"文档插入 SmartArt 图形，并设置图形的格式，掌握在文档中插入 SmartArt 图形的基本操作。

任务分析

在"电子宣传报"文档第一栏文本框下方插入 SmartArt 图形，图形类型为"Office.com"选项中的"射线图片列表"样式，然后输入相应的文本内容以及插入图片，调整图形的大小、位置，效果如图 1-11 所示。

知识链接

SmartArt 图形的应用

流程、层次结构、循环或关系等信息可以用 SmartArt 图形来表示。在创建 SmartArt 图形之前，用户需要考虑最适合显示数据的类型和布局，SmartArt 图形要传达的内容是否要求特定的外观等问题。选择"插入"选项卡，在功能区中单击"SmartArt"按钮，即可打开"选择 SmartArt 图形"对话框，在该对话框中用户可以选择所需要的图形。

任务实施

（1）打开"电子宣传报"文档，将插入点定位于第一栏需插入 SmartArt 图形的位置，选择"插入"选项卡,在功能区中单击"SmartArt"按钮,打开"选择 SmartArt 图形"对话框,如图 1-21 所示。选择"Office.com"选项中的"射线图片列表"样式,单击"确定"按钮插入 SmartArt 图形,如图 1-22 所示。

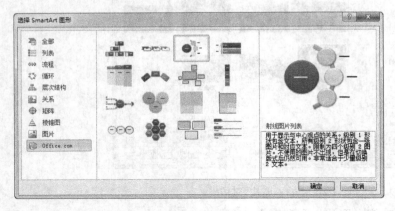

图 1-21　"选择 SmartArt 图形"对话框　　　　图 1-22　插入的图形样式

（2）在文本框内输入相应的文本内容,在图片框内插入相应的图片,并调整图形的大小、位置,得到如图 1-11 所示的效果。

任务九　插入自选图形

任务描述

对于一些简单的图形,用户可以采用自选图形的方法来绘制。本次任务为"电子宣传报"文档插入自选图形,并设置图形的格式,使用户掌握在文档中插入自选图形的基本操作。

任务分析

在"电子宣传报"文档第二栏插入"星与旗帜"类型的自选图形,其中两个"十字星",一个"上凸带型"的图形,添加文字,并设置其大小、位置和颜色等,效果如图 1-11 所示。

知识链接

自选图形是运用现有的图形,如矩形、圆形等基本形状以及各种线条或连接符,绘制出用户需要的图形样式。自选图形包括基本形状、箭头总汇、标注、流程图等类型,各类型又包含了多种形状,用户可以选择相应图标绘制所需图形。

任务实施

打开"电子宣传报"文档,选择"插入"选项卡,在功能区中单击"形状"按钮打开形状库,如图 1-23 所示。在"星与旗帜"选项区域中单击"十字星"形状按钮,并在文档相应位置绘制一个十字星形状;双击图形,在功能区设置"形状填充"主题色为"橙色,

图 1-23　形状库

强调文字颜色 6",设置"形状轮廓"标准色为"浅绿";调整图形的大小和位置。然后插入另一个"十字星"和"上凸带型"的图形,添加文字,并设置其大小、位置和颜色等(步骤略),得到如图 1-11 所示的效果。

办公自动化中,经常需要用到各种类型的表格。可以在单元格中输入文字或插入图片使文档内容更加直观和形象,增强文档的可读性。本项目的任务是使用 Word 2010 制作个人简历表,如图 1-24 所示。要求通过本次工作任务掌握在 Word 文档中建立表格、编辑表格和格式化表格等操作。

个 人 简 历

姓名		性别		年龄		照片
地址						
邮政编码		电子邮件				
电话		传真				
应聘职位						
教育	时间		学校			
奖励						
兴趣爱好						
工作经历	时间		工作单位		职务	
推荐						
技能						
证书和许可证						
政治面貌						

图 1-24 "个人简历"表

任 务 十 建 立 表 格

任务描述

Word 2010 提供了丰富的制表功能,本次任务是在文档中建立表格,掌握在文档中建立表格的基本操作。

任务分析

（1）使用 Word 2010 创建一个文件名为"个人简历"的新文档，在文档第一行输入标题"个人简历"，并设置其字体和段落格式："宋体，小一，加粗，居中"。

（2）在标题下插入一个 27 行 8 列的表格。

知识链接

插入表格的方式

在 Word 2010 中，可以通过以下三种方式来插入表格。

（1）使用"表格"菜单插入表格：若插入的表格行数和列数均少于 9，则可以在"插入"选项卡的"表格"组中，单击"表格"，然后单击"插入表格"下，拖拽鼠标以选择需要的行数和列数，如图 1-25 所示。

（2）使用"插入表格"窗口插入表格：在图 1-25 所示的下拉选项中单击"插入表格"，在弹出的"插入表格"窗口中输入列数和行数，选择相应选项以调整表格尺寸，如图 1-26 所示。

图 1-25　使用表格菜单插入表格

图 1-26　"插入表格"窗口

（3）使用表格模板插入表格：可以基于一组预先设好格式的表格模板来插入表格。表格模板包含示例数据，可以帮助设计添加数据时表格的外观。在图 1-25 所示的下拉选项中选择"快速表格"，再单击需要的模板，然后使用新数据替换模板中的数据，如图 1-27 所示。

任务实施

（1）启动 Word 2010 创建一个新文档，以"个人简历"为文件名保存。在文档第一行输入标题"个人简历"，并设置其字体和段落格式：宋体，小一，加粗，居中。

（2）把插入点定位于标题下一行，在"插入"选项卡的"表格"组中，选择"表格"→"插入表格"选项，打开如图 1-27 所示的"插入表格"对话框。设置表格列数为"8"，行数为"27"，单击"确定"按钮插入表格。

图 1-27　使用表格模板插入表格

任务十一　编　辑　表　格

任务描述

　　刚创建的表格，往往离应用的要求有一定的差距，还要进行适当的编辑。本次任务是对表格进行单元格的合并与拆分、调整行高列宽等操作，掌握编辑表格的基本操作。

任务分析

　　对"个人简历"表格进行单元格的合并与拆分、单元格的插入与删除、行高列宽的调整等操作，然后输入文字内容，并设置单元格对齐方式为"水平居中"，效果如图 1-24 所示。

知识链接

1. 表格的选择

　　表格中每一个小方格称为单元格。选择单元格的基本方法为：在所需选择的单元格区域的左上角按下鼠标左键不放，并将鼠标拖动到所需选择的单元格区域的右下角，使被选择的单元格高亮显示。

　　（1）选择一个单元格：单击此单元格内左侧的选定栏，如图 1-28 所示。

　　（2）选择表格中的一行：单击此行左侧的文档选定栏，如图 1-29 所示。

成绩表			
姓名	语文	数学	总分
张权	87	67	154
王伟明	76	85	161
黄玉娟	78	67	145
李文华	90	88	178

图 1-28　选择一个单元格

成绩表			
姓名	语文	数学	总分
张权	87	67	154
王伟明	76	85	161
黄玉娟	78	67	145
李文华	90	88	178

图 1-29　选择表格中的一行

（3）选择表格中的一列：将鼠标指针移至此栏的上边界，当鼠标指针变成一个向下箭头形状时，单击左键，如图 1-30 所示。

（4）选择整个表格：将鼠标移动到表格的左上角的 田 图标处，然后单击即可选择整个表格，如图 1-31 所示。

成绩表			
姓名	语文	数学	总分
张权	87	67	154
王伟明	76	85	161
黄玉娟	78	67	145
李文华	90	88	178

图 1-30　选择表格中的一列

成绩表			
姓名	语文	数学	总分
张权	87	67	154
王伟明	76	85	161
黄玉娟	78	67	145
李文华	90	88	178

图 1-31　选择整个表格

2. 重复标题行

插入表格的时候往往表格在一页中显示不完全，需要在下一页继续，为了阅读方便，我们会希望表格能够在续页的时候自动重复标题行。只需选中原表格的标题行，在"布局"选项卡中选择"重复标题行"即可，在以后表格出现分页的时候，会自动在换页后的第一行重复标题行。

任务实施

1. 拆分与合并单元格

打开"个人简历"表格，选中需要合并的两个或数个单元格，单击鼠标右键，在弹出的菜单中选中"合并单元格"，那么之前选中的几个单元格就会合并为一个。类似的，如果需要拆分单元格，则将该单元格选中，单击鼠标右键，选择"拆分单元格"，在弹出的菜单中选择需要拆分的行数和列数，单击"确定"按钮完成操作。或者也可以选择"设计"选项卡展开表格设计工具按钮，如图 1-32 所示；选择"布局"选项卡展开表格布局工具按钮，如图 1-33 所示。单击"合并单元格"或"拆分单元格"按钮以完成操作。

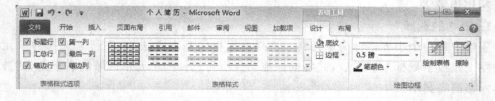

图 1-32　表格设计工具

图 1-33 表格布局工具

2. 调整行高列宽

如果不需要精确设定单元格的长宽,只需按住鼠标左键,根据需要上下左右拖动单元格边框,则可以改变大小。如果要根据数据来精确调整,则在表格设计工具按钮中,选择"布局"选项卡展开布局工具,在"单元格大小"工具栏中设定数据,单元格的长宽随着输入的数据改变。

在表格设计工具按钮中,选择"布局"选项卡展开布局工具,在表格中输入文字内容后,选定所有单元格,设置单元格对齐方式为"水平居中",得到如图 1-24 所示的效果。

其中,"绘制表格"工具常用于修改已有表格的结构,可在表格中手工添加斜线、竖线和横线,操作简单方便。首先选中要修改的表格,单击"绘制表格"按钮,指针变为铅笔状时,用鼠标拖动画线,如图 1-34 所示。

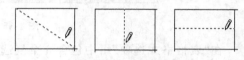

图 1-34 绘制表格画线方法

"擦除"工具用于擦除一条或多条不需要的线条,单击"擦除"按钮,指针会变为橡皮擦状,单击要擦除的线条即可将其擦除。

任务十二 格式化表格

任务描述

表格制作完成后,还需要对表格进行各种格式的修饰,可以通过设置表格的边框及底纹样式来达到更好的视觉效果。本次任务是设置表格的边框和底纹,使用户掌握格式化表格的基本操作。

任务分析

设置"个人简历"表格的边框和底纹,其中表格的外边框为"2.25 磅";"应聘职位"行的上下边框线为"双线";"奖励"行的上边框以及"工作经历"行的上下边框为"1.5 磅";"照片"单元格的底纹为主题颜色"茶色,背景色 2,深色 10%",效果如图 1-24 所示。

知识链接

表格的快速样式

无论是新建的空表,还是已经输入数据的表格,都可以使用表格的快速样式来设置表格的格式,例如将阴影、边框、底纹和其他丰富的格式元素应用于表格。将插入点置于要进行格式化的表格中,选择"设计"选项卡,在"表格样式"选项组中选择一种样式,即可在文档中预览此样式的排版效果,也可以单击"表格样式"选项右下角的"其他"按钮,打开其他表格样式选项。如图 1-35 所示。

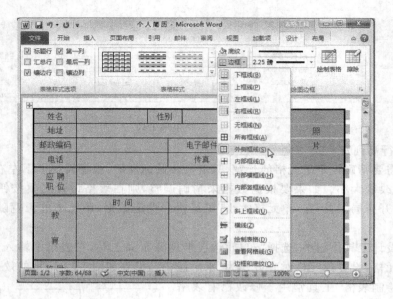

图 1-35　表格快速样式

在"表格格式选项"组中包含 6 个复选框,这些选项让用户决定将特殊样式应用到哪些区域。

任务实施

(1) 打开"个人简历"文档,选定整个表格,选择"设计"选项卡,在功能区单击"笔画粗细"在下拉选项中选择"2.25 磅",如图 1-36 所示;再单击"边框"按钮并在下拉选项中选择"外侧框线",如图 1-37 所示,设置好表格的外边框。此外,可以在选定整个表格后,右击鼠标,在弹出的快捷菜单中选择"边框和底纹"选项,弹出"边框和底纹"对话框,如图 1-38 所示,在这里可以设置表格边框和底纹以及页面边框。

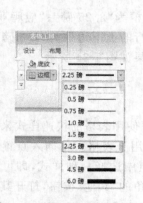

图 1-36　"笔画粗细"下拉选项

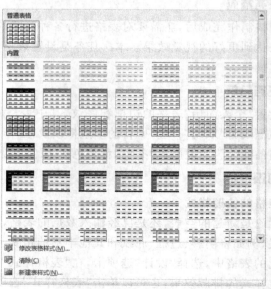

图 1-37　"边框"下拉选项

图 1-38 "边框和底纹"对话框

（2）选定"应聘职位"行，单击"笔样式"在下拉列表中选择"双线"；再单击"边框"并在下拉列表中选择"下框线"以及"上框线"。用以上方法，设置"奖励"行的上边框以及"工作经历"行的上下边框为"1.5磅"。

（3）选定"照片"单元格，单击"底纹"在下拉选项中选择主题颜色为"茶色，背景色2，深色10%"。

产品使用说明书是向用户简要介绍产品使用过程中注意事项的一种手册类型的应用文体。公司发售产品时都会附上产品使用说明书，描述该产品所具有的功能及使用方法。本项目的任务是制作一份产品使用说明书。本次任务要求用户掌握在 Word 文档中插入封面、设置页眉页脚和页码、添加水印效果、制作目录、利用样式格式化文档等操作，具备处理长篇文章的排版能力。

任务十三 制作封面

任务描述

在制作产品使用说明书时，先制作一个简洁美观的封面，用于产品对象以及产品特征的说明。本次任务是给"产品使用说明书"制作封面，效果如图 1-39 所示。

任务分析

打开"产品使用说明书"文档，给该说明书制作封面，封面样式为"拼板型"，输入相应的文本内容，并删除不需要的内容，结果如图 1-39 所示。

知识链接

插入封面

通过使用插入封面功能，用户可以借助 Word 2010 提供的多种封面样式为 Word 文档插入风格各异的封面，生成的封面自动置于文档首页。此功能使用起来简单、快捷、方便，大大提高文档排版的效率。

任务实施

打开"产品使用说明书"文档,选择"插入"选项卡,在功能区单击"封面"按钮,在打开的下拉选项中选择"拼板型"封面样式,如图 1-40 所示,该封面样式就应用到文档的第一页中。在"年"文本框中设置其年份为"2012";在标题文本框输入文本"产品使用说明书";在副标题文本框输入文本"MI-ONE";删除摘要文本框以及封面右下角的文字信息。

图 1-39　封面效果　　　　　　　　　　　　　　　　图 1-40　封面样式

任务十四　应用样式格式化文档

任务描述

在文档中运用样式时,系统会自动套用该样式所包含的所有格式设置,这样将有效地提高排版工作的效率。本次任务要求用户通过应用样式格式化"产品使用说明书"文档,掌握应用样式的基本操作。

任务分析

应用样式格式化"产品使用说明书"文档,其中,标题应用"标题"样式,一级标题应用"标题 1"样式,二级标题应用"标题 2"样式,三级标题应用"标题 3"样式,结果如图 1-41 所示。

知识链接

设置标题样式和层次

在 Word 文档中,经常需要编辑具有很多级别标题的文档,如果针对每个段落标题都进行字体、字号等设置会很耽误时间。可以使用 Word 中的样式对文档进行快速设置。此外,运用样式对文档层次结构进行的设定是自动编制目录的前提条件。

手机使用说明书

第1章 MI-ONE 概览

1.1 概览

1.1.1 电源键

短按：开机、锁定屏幕、点亮屏幕。
长按：弹出静音模式/飞行模式/访客模式/重新启动/关机对话框。

1.1.2 主屏幕键

屏幕锁定时，短按点亮屏幕。
解锁后，在任何界面，点击返回主屏幕，长按，显示近期任务窗口。

1.2 随机配件

USB2.0 数据线
电源适配器
专用电池
保修证书
入门指南

第2章 使用入门

2.1 重要提示

为了提高不必要的保管说明，请在使用您小米手机以前注意以下几点。
请不要将此类用完的设备的自然开机时、加工后、特殊不可使用有些设施的进行备份和运行备份数据。
请不要将使用设备未来得了不到安危的地方开机。潮湿地、损坏处理时件自关注、摆放地点拍摄。

图 1-41 应用样式格式化文档

任务实施

（1）打开"产品使用说明书"文档，选定标题，单击"开始"选项卡，在"样式"组中选择"标题"样式，此时"标题"样式就应用到选中的文本上，如图 1-42 所示。

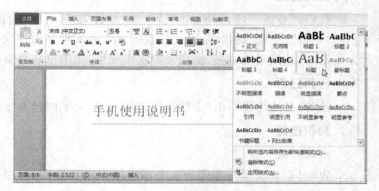

图 1-42 设置"标题"样式

（2）按住 Ctrl 键分别选中所有的一级标题，选择完成后，单击"开始"选项卡，在"样式"组中选择"标题 1"样式，这时，所有被选中的一级标题都应用了"标题 1"的样式。也可以设置好一个一级标题，用格式刷复制格式，再应用到其他一级标题中。

（3）运用以上方法设置好二级标题以及三级标题的样式，得到如图 1-43 的效果。

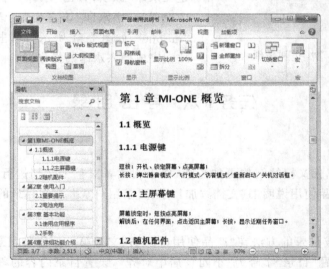

图 1-43 导航窗格

应用样式格式化文档后，多级别标题的文档更方便管理和查阅，可通过"导航窗格"快速浏览各标题下的内容。调出"导航窗格"的方法：在"视图"选项卡下的"显示"组中选中"导航窗格"单选按钮，可以看到树状的各级标题，如图 1-43 所示。在"导航窗格"单击标题即可显示相应的内容。

任务十五　添加水印效果

任务描述

我们经常需要使用 Word 编辑一些办公文档,有时在打印一些重要文件时还需要给文档加"秘密""保密"的水印,以便让获得文件的人都知道该文档的重要性和保密性。本次任务是给"产品使用说明书"文档添加水印效果,使用户掌握添加水印的基本操作。

任务分析

给"产品使用说明书"文档添加文字水印,文字内容为"mi-one"。

知识链接

水印效果

Word 提供了图片水印和文字水印等水印设置功能,用户可以根据需要选择插入合适的水印样式,也可以自定义水印内容和格式,操作简单方便。

图 1-44　"水印"对话框

任务实施

打开"产品使用说明书"文档,选择"页面布局"选项卡,在"页面背景"组中选择"水印"→"自定义水印"选项,弹出"水印"对话框,在此对话框中设置"文字水印"语言为"英语(美国)",文字为"mi-one",如图 1-44 所示。单击"应用"或"确定"按钮完成插入水印的操作。

任务十六　导 出 目 录

任务描述

使用目录可以使文档的结构更加清晰,便于阅读者对整个文档进行快速查找和定位。本次任务是为"产品使用说明书"文档添加目录,要求用户掌握编制目录的基本操作。

任务分析

使用自动生成目录的方法在"产品使用说明书"文档第一页添加目录,采用"自动目录1"样式,并设置标题"目录"字号为"小四""居中对齐",设置目录内容的段落格式为"1.5 倍行距",结果如图 1-45 所示。

知识链接

1. 插入目录的方式

插入目录的方式有手动添加目录、自动生成目录和自定义生成目录三种。使用自动生成目录功能可以很方便地生成目录,但是以这种方式生成的目录无法修改目录的显示效果;使用自定义生成目录的方式可以按照用户的需求生成目录。

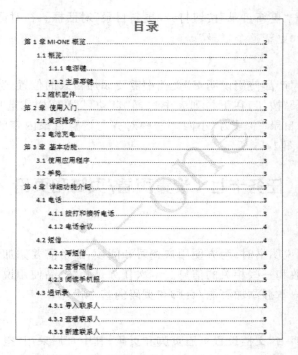

图 1-45 目录

对于应用了内建样式的文档,用户可以直接生成相应的目录内容。将插入点定位于需插入目录的位置,选择"引用"选项卡,在"目录"组中单击"目录"按钮,在下拉列表中可以选择插入目录的方式。选择"插入目录"选项可以打开"目录"对话框,如图 1-46 所示,在对话框中可设置目录的格式,单击"选项"按钮还可以设置目录选项,如图 1-47 所示。

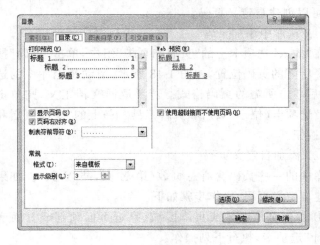

图 1-46 "目录"对话框

图 1-47 "目录选项"对话框

2. 更新目录

如果文档完成后发现有些地方必须要进行修改,修改后会发现标题章节以及标题所在页码已经发生了变化,而目录中的页码没有同步更新,这时可以更新目录。选择"引用"选项卡,在"目录"组中单击"更新目录"按钮打开"更新目录"对话框。在对话框中可以选择"只更新页码",也可以选择"更新整个目录"。

任务实施

将插入点定位于"产品使用说明书"文档中需要添加目录的位置,选择"引用"选项卡,在"目录"组中单击"目录"按钮,在下拉列表中选择"自动目录1"样式选项插入目录。在插入的目录中,设置标题"目录"字号为"小四""居中对齐",设置目录内容的段落格式为"1.5倍行距",其目录效果如图1-45所示。

任务十七 设置页眉/页脚和页码

任务描述

在制作产品使用说明书时,为方便用户查看和阅读,通常需要添加页眉页脚以及页码内容,以显示文档的页数和一些相关的信息。本次任务是为"产品使用说明书"文档添加页眉/页脚和页码,要求用户掌握添加页眉/页脚和页码的基本操作。

任务分析

给"产品使用说明书"文档设置页眉页脚和页码,其中页眉采用"空白"样式,页眉内容为"产品使用说明书";插入页脚内容为"MI-ONE";在页脚中间位置插入页码,页码格式为"第1页,第2页,…"。

知识链接

1. 添加页码

如果希望每个页面都显示页码,并且不希望包含任何其他信息(例如,文档标题或文件位置),可以快速添加库中的页码,也可以创建自定义页码。

图1-48 插入页码

(1)从库中添加页码

在"插入"选项卡上的"页眉和页脚"组中,单击"页码"按钮选择所需的页码位置,如图1-48所示,滚动浏览库中的选项,然后单击所需的页码格式。若要返回文档正文,则单击"设计"选项卡(位于"页眉和页脚工具"下)上的"关闭页眉和页脚"按钮。

(2)添加自定义页码

库中的一些页码含有总页数(第 X 页,共 Y 页)。如果要创建自定义页码,操作步骤如下。

① 双击页眉区域或页脚区域(靠近页面顶部或页面底部),打开"页眉和页脚工具"下的"设计"选项卡,执行下列操作:

若要将页码放置到中间,请单击"设计"选项卡"位置"组中的"插入'对齐方式'选项卡",单击"居中"单选按钮,再单击"确定"按钮。

若要将页码放置到页面右侧,请单击"设计"选项卡"位置"组中的"插入'对齐方式'选项卡",单击"右对齐"单选按钮,再单击"确定"按钮。

②　输入"第"和一个空格。

③　在"插入"选项卡上的"文本"组中,单击"文档部件"→"域",打开"域"对话框,如图 1-49 所示。在"域名"列表中,选择"Page",再单击"确定"按钮。

④　在该页码后输入一个空格,再依次输入"页"、逗号、"共",然后再输入一个空格。

⑤　单击"文档部件"→"域",在"域名"列表中,选择"NumPages",再单击"确定"按钮。

⑥　在总页数后输入一个空格,再输入"页"。

⑦　若要更改编号格式,请单击"页眉和页脚"组中的"页码"→"设置页码格式",打开如图 1-50 所示的"页码格式"对话框进行设置。若要返回至文档正文,请单击"设计"选项卡上的"关闭页眉和页脚"。

【说明】Page(表示页码),NumPages(表示文档的总页数)。

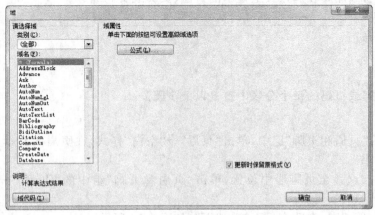

图 1-49　"域"对话框

图 1-50　"页码格式"对话框

2. 从文档第二页开始编号

(1) 插入页码后,双击页眉区域打开"页眉和页脚工具"下的"设计"选项卡,在"选项"组中选中"首页不同"复选框,如图 1-51 所示。

(2) 若要从 1 开始编号,请单击"页眉和页脚"组中的"页码"→"设置页码格式",然后单击"起始编号"并输入"1"。

(3) 若要返回至文档正文,请单击"设计"选项卡上的"关闭页眉和页脚"。

图 1-51　页眉和页脚工具

3. 从文档其他页面开始编号

若要从其他页面而非文档首页开始编号,在要开始编号的页面之前需要添加分节符。

(1) 单击要开始编号的页面的开头(按 Home 键可确保光标位于页面开头)。

(2) 在"页面布局"选项卡上的"页面设置"组中,单击"分隔符"→"下一页"。

（3）双击页脚区域打开"页眉和页脚工具"选项卡，在"页眉和页脚工具"的"导航"组中，单击"链接到前一节"以禁用它。

（4）在要开始编号的页面添加页码。

（5）若要从1开始编号，请单击"页眉和页脚"组中的"页码"→"设置页码格式"，然后单击"起始编号"并输入"1"。

（6）若要返回至文档正文，请单击"设计"选项卡上的"关闭页眉和页脚"。

4．在奇数和偶数页上添加不同的页眉、页脚或页码

（1）双击页眉区域或页脚区域打开"页眉和页脚工具"选项卡，在"页眉和页脚工具"选项卡的"选项"组中，选中"奇偶页不同"复选框。

（2）在其中一个奇数页上，添加要在奇数页上显示的页眉、页脚或页码编号。

（3）在其中一个偶数页上，添加要在偶数页上显示的页眉、页脚或页码编号。

5．删除页眉、页脚和页码

（1）双击页眉、页脚或页码。

（2）选择页眉、页脚或页码。

（3）按Delete键删除。

（4）在具有不同页眉、页脚或页码的每个分区中重复以上步骤。

任务实施

（1）在"插入"选项卡上的"页眉和页脚"组中，单击"页眉"→"空白"样式，在页眉的文本框上输入内容"产品使用说明书"。

（2）双击页脚区域，把插入点移至页脚居中位置，单击"页眉和页脚"组中的"页码"→"当前位置"→"普通数字"插入页码。

（3）在页码数字前面输入"第"字，在数字后面输入"页"，如图1-52所示。

图1-52　编辑页码

（4）单击"设计"选项卡上的"关闭页眉和页脚"，返回文档正文。

任务十八　统计字数和保护文档

任务描述

Word具有统计字数的功能，用户可以方便地获取当前Word文档的字数统计信息，可以使用密码、权限和其他限制保护文档。本次任务是给"产品使用说明书"文档统计字数和设置密码，掌握统计字数和保护文档的基本操作。

任务分析

统计"产品使用说明书"文档的字数并为其设置密码，密码为"123"。

知识链接

保护文档的功能

为了使辛苦完成的文档不被其他人随意阅读、抄袭、篡改，可以根据具体情况选用Office 提供的安全保护功能保护文档。打开需要设置保护的文档，单击"文件"→"信息"，在"权限"窗口中单击"保护文档"按钮，可以看到 Office 提供的几种安全保护功能：标记为最终状态、用密码进行加密、限制编辑、按人员限制权限、添加数字签名，如图 1-53 所示。

图 1-53 保护文档

（1）标记为最终状态：将文档设为只读模式。Office 在打开一个已经标记为最终状态的文档时将自动禁用所有编辑功能，有助于了解文档内容，防止审阅者或读者无意中更改文档。不过标记为最终状态并不是一个安全功能，任何人都可以以相同的方式取消文档的最终状态。

（2）用密码进行加密：为文档设置密码。但密码保护功能最大的问题是用户自己也容易忘记密码，而且 Microsoft 公司不能取回丢失的密码。

（3）限制编辑：控制可对文档进行哪些类型的更改。限制编辑功能提供了三个选项：格式设置限制、编辑限制、启动强制保护。格式设置限制可以有选择地限制格式编辑选项，我们可以点击其下方的"设置"进行格式选项自定义；编辑限制可以有选择地限制文档编辑类型，包括"修订""批注""填写窗体"以及"不允许任何更改（只读）"；启动强制保护可以通过密码保护或用户身份验证的方式保护文档。

（4）按人员限制权限：按人员限制权限可以通过 Windows Live ID 或 Windows 用户账户限制 Office 文档的权限。我们可以选择使用一组由企业颁发的管理凭据或手动设置"限制访问"对 Office 文档进行保护。

（5）添加数字签名：添加数字签名也是一项流行的安全保护功能。数字签名以加密技术作为基础，帮助减轻商业交易及文档安全相关的风险。如需新建自己的数字签名，我们必须首先获取数字证书，这个证书将用于证明个人的身份，通常会从一个受信任的证书颁发机构（CA）获得。如果我们没有自己的数字证书，可以通过微软合作伙伴 Office Market place 处获取，或者直接在 Office 中插入签名行或图章签名行。

任务实施

（1）打开"产品使用说明书"文档，选择"审阅"选项卡，在"校对"组中单击"字数统计"按钮，打开"字数统计"对话框，显示文档的字数统计信息。

（2）单击"文件"选项卡→"信息"，在"权限"窗口中单击"保护文档"→"用密码进行加密"，输入加密密码和确认密码"123"，单击"确定"按钮完成密码设置。

Word 2010 有部分功能高效实用，能大大提高办公的效率。本项目有几个工作任务，要求用户通过本次工作任务掌握邮件合并、查找与替换、设置脚注和尾注以及共享文档等操作，并具备处理长篇文章的排版能力。

任务十九　邮件合并

日常工作生活中，经常需要发送通知、请柬、奖状、毕业证等，这些文档的大部分内容相同，少部分内容变化。为了提高工作效率，可以使用邮件合并的方式来完成。

任务描述

学校在举行完校运动会后，准备给获奖选手颁发奖状。奖状模板以及获奖数据已经汇总完毕，现要求使用邮件合并的方法快速制作奖状。

任务分析

使用邮件合并的方法，利用"奖状模板"和"获奖数据"两个文档内容制作奖状。

知识链接

邮件合并的步骤

邮件合并的一般操作步骤如下：

（1）创建主文档和数据源文件。

（2）设置主文档类型。

（3）打开数据源文件。

（4）插入合并域。

（5）预览合并结果。

（6）合并到新文档。

任务实施

（1）打开主文档"奖状模板"，选择"邮件"选项卡，在"开始邮件合并"组中，单击"开始邮件合并"→"信函"。

（2）在"开始邮件合并"组中，单击"选择收件人"→"使用现有列表"，弹出"选择数据源"对话框，选择"获奖数据"文档作为数据源文件。

（3）在"编写和插入域"组中，单击"插入合并域"→"姓名"，重复此步骤插入"项目"以及"名次"合并域，结果如图 1-54 所示。

（4）在"预览结果"组中，单击"预览结果"按钮预览合并数据的效果。

（5）在"完成"组中，单击"完成并合并"→"编辑单个文档"，弹出"合并到新文档"对话框，在这个对话框中，选中"全部"，单击"确定"按钮即可得到最终结果，如图 1-55 所示。

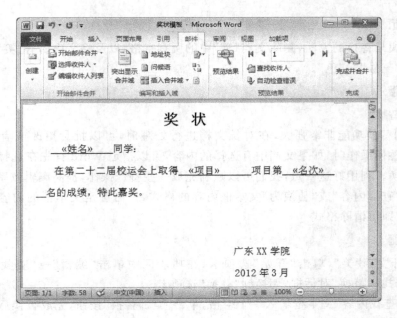

图 1-54 插入合并域

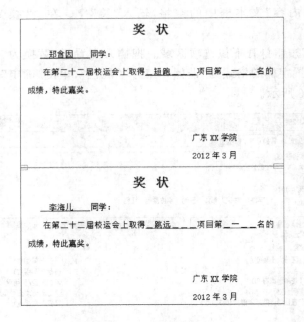

图 1-55 邮件合并结果

任务二十 查找与替换

任务描述

　　编辑文档时,可使用查找功能快速定位到文本的位置,可使用替换功能批量修改字符和字符格式。本任务要求使用查找与替换功能批量修改文档中的内容。

任务分析

使用查找与替换的方法,删除文档"笑"中的所有空格,以及将文中所有"笑"字的格式设置为"楷体""三号""红色"。

知识链接

查找与替换

Word 的替换功能非常强大,在对长文档进行处理时,可以批量更改或者进行格式设置。在进行替换操作时,如果文档中有选择的内容,可以指定 Word 首先在选择的文本中进行搜索和替换。利用好这一点,我们可以顺利完成一些特殊操作,提高编辑效率。

要删除"查找内容"或"替换为"文本框内容的格式,只需选定文本框的内容,单击"不限定格式"按钮即可清除格式。

任务实施

(1)打开文档"笑",单击"开始"选项卡,在功能区中单击"编辑"→"查找"→"高级查找",打开"查找和替换"对话框,切换到"替换"选项卡。

(2)在"查找内容"文本框输入一个空格,单击"全部替换"按钮,完成替换后单击"确定"按钮返回"查找和替换"对话框。

(3)删除"查找内容"文本框中的空格,输入"笑"字。在"替换为"文本框中也输入"笑"字。

(4)单击"更多"按钮打开下拉选项区域。把插入点置于"替换为"文本框内,然后单击"格式"→"字体",设置字体的格式为"楷体""三号""红色",单击"确定"按钮返回"查找和替换"对话框,如图 1-56 所示。

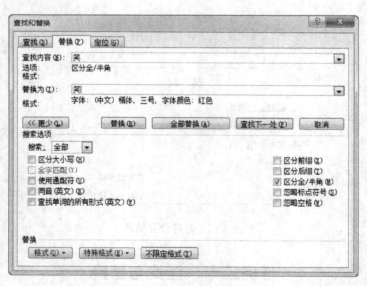

图 1-56 "查找和替换"对话框设置结果

(5)单击"全部替换"按钮,完成替换后单击"确定"按钮返回,再关闭"查找和替换"对话框完成操作。

任务二十一　添加脚注和尾注

任务描述

脚注和尾注用于为文档中的文本提供解释、批注以及相关的参考资料。本任务要求给文档添加脚注和尾注。

任务分析

给"数据库设计"文档添加脚注和尾注,其中,为文本"3.2 数据库逻辑设计 E-R 模型"添加脚注,脚注内容为"实体-联系模型(简称 E-R 模型)";为文本"E-R 模型的组成元素有:实体、属性、联系。E-R 模型用 E-R 图表示。实体是用户工作环境中所涉及的事务,属性是对实体特征的描述。"添加尾注,尾注内容为"萨师煊,王珊. 数据库系统概论[M]. 北京:高等教育出版社,1997.91-132."。

知识链接

脚注和尾注

通常用脚注对文档内容进行注释说明,而用尾注说明引用的文献。脚注或尾注由两个链接的部分组成,即注释引用标记及相应的注释文本。在默认情况下,Word 将脚注放在每页的结尾处而将尾注放在文档的结尾处。当用户指定编号方案后,Word 会自动对脚注和尾注进行编号,可以在整个文档中使用一种编号方案,也可以在文档的每一节中使用不同的编号方案。在添加、删除或移动自动编号的注释时,Word 将对脚注和尾注引用标记进行重新编号。

键盘快捷方式:要插入后续的脚注,请按"Ctrl＋Alt＋F"组合键;要插入后续的尾注,请按"Ctrl＋Alt＋D"组合键。

任务实施

打开文档"数据库设计",选择"引用"选项卡,在"脚注"组中单击右下角的按钮可显示"脚注和尾注"对话框,如图 1-57 所示。先在此对话框设置所需的脚注和尾注的编号格式(本任务采用默认的编号格式)。

把插入点定位于"3.2 数据库逻辑设计 E-R 模型"后面,在"脚注"组中单击"插入脚注"按钮,在页面底端输入脚注内容"实体-联系模型(简称 E-R 模型)"。显示插入脚注的效果如图 1-58 所示。

选定文本"E-R 模型的组成元素有:实体、属性、联系。E-R 模型用 E-R 图表示。实体是用户工作环境中所涉及的事务,属性是对实体特征的描述。",在"脚注"组中单击"插入尾注"按钮,在文档末尾输入脚注内容"萨师煊,王珊. 数据库系统概论[M]. 北京:高等教育出版社,1997.91-132.",如图 1-59 所示。

图 1-57 "脚注和尾注"对话框

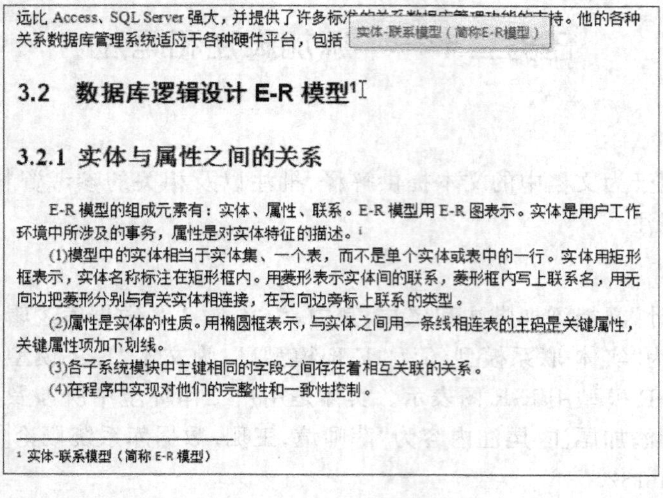
远比 Access、SQL Server 强大，并提供了许多标准的关系数据库管理功能的支持。他的各种关系数据库管理系统适应于各种硬件平台，包括 实体-联系模型（简称E-R模型）

3.2 数据库逻辑设计 E-R 模型[1]

3.2.1 实体与属性之间的关系

E-R 模型的组成元素有：实体、属性、联系。E-R 模型用 E-R 图表示。实体是用户工作环境中所涉及的事务，属性是对实体特征的描述。[1]

(1)模型中的实体相当于实体集、一个表，而不是单个实体或表中的一行。实体用矩形框表示，实体名称标注在矩形框内。用菱形表示实体间的联系，菱形框内写上联系名，用无向边把菱形分别与有关实体相连接，在无向边旁标上联系的类型。

(2)属性是实体的性质。用椭圆框表示，与实体之间用一条线相连表的主码是关键属性，关键属性项加下划线。

(3)各子系统模块中主键相同的字段之间存在着相互关联的关系。

(4)在程序中实现对他们的完整性和一致性控制。

[1] 实体-联系模型（简称 E-R 模型）

图 1-58 插入脚注

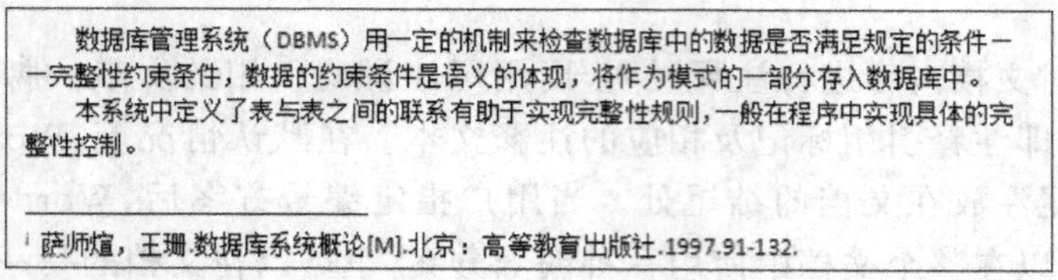
数据库管理系统（DBMS）用一定的机制来检查数据库中的数据是否满足规定的条件——完整性约束条件，数据的约束条件是语义的体现，将作为模式的一部分存入数据库中。

本系统中定义了表与表之间的联系有助于实现完整性规则，一般在程序中实现具体的完整性控制。

[i] 萨师煊，王珊.数据库系统概论[M].北京：高等教育出版社.1997.91-132.

图 1-59 插入尾注

任务二十二 共享文档

任务描述

Word 2010 可以转换为其他类型的文件，增强文档的共享性。本任务要求将 Word 文档转换为其他类型的文件。

任务分析

（1）将 Word 文档“系统开发”发送到 PowerPoint 幻灯片上。

（2）将 Word 文档“系统开发”另存为 PDF 文件。

知识链接

1. 文件格式兼容性

（1）使用 Word 2010 打开 Word 2003 或更早版本的文档

Word 2010 提供了良好的向下兼容能力，能支持打开或保存先前版本的文档，无须额外设置。

（2）使用 Word 2003 打开 Word 2007 或 Word 2010 文档

若要使用 Word 2003 打开 Word 2007 或 Word 2010 文档，可选择以下两种途径。

① 使用 Word 2010 的“另存为”功能，将文档保存类型设为“Word 97-2003 文档”，生成的文档就能在早期的版本中打开。

② 安装兼容包。可以从 Office.com 下载适用于 OOXML 文件格式的 Microsoft Office 兼容包。

2. 转换为 PowerPoint 前要求设好标题样式

将 Word 文档发送到 PowerPoint 幻灯片上之前,要先通过样式设置好文档标题的层次结构,否则发送过去的内容很有可能是层次混乱的。

任务实施

(1)打开 Word 文档"系统开发",单击"文件"选项卡→"选项"打开"Word 选项"对话框,在对话框中单击"自定义功能区"选项,从右侧的"所有命令"列表中找到"发送到 Microsoft PowerPoint",将其添加到自定义工具栏,如图 1-60、图 1-61 所示。单击"发送到 Microsoft PowerPoint"命令按钮就可以将 Word 文档"系统开发"发送到 PowerPoint 幻灯片上。

(2)打开 Word 文档"系统开发",单击"文件"选项卡→"另存为"命令,打开"另存为"对话框,在"保存类型"下拉选项中选择"PDF",单击"保存"按钮即可将文档另存为 PDF 文件。

图 1-60　添加"发送到 Microsoft PowerPoint"按钮　　　　图 1-61　新建组

知识拓展

Word 的使用技巧

1. 插入符号和特殊符号

在文档编辑过程中,经常需要插入键盘上没有的字符,如"■""★""◆""※",这些符号和特殊符号可通过"符号"命令按钮以及软键盘来插入。

（1）通过"符号"命令按钮插入

将插入点定位于要插入符号的位置，选择"插入"选项卡，在"符号"组中单击"符号"按钮，在弹出的下拉菜单中选择所需的符号，或者单击"其他符号"命令，打开"符号"对话框，在对话框里找到要插入的符号，如图 1-62、图 1-63 所示。

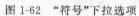

图 1-62　"符号"下拉选项

图 1-63　"符号"对话框

（2）通过软键盘插入

将插入点定位于要插入符号的位置，切换到任意一种中文输入法，例如搜狗拼音输入法，右击搜狗拼音输入法状态条的软键盘按钮（最右边键盘形状按钮），在弹出的菜单中选择需插入的符号类型，如果是特殊符号，则选择"特殊符号"选项，在弹出的软键盘中选择需插入的特殊符号。

2. 快速取消自动编号

虽然 Word 中自动编号功能较强大，但是在使用过程中，发现自动编号命令常常出现错乱现象。其实，可以通过下面的方法来快速取消自动编号。当 Word 为其自动加上编号时，只要按"Ctrl＋Z"组合键操作，此时自动编号会消失，而且再次输入数字时，该功能就会被禁止了。

3. 快速去除 Word 页眉下横线

快速去除 Word 页眉下的那条横线可以用下面的四种方法：一是可以将横线颜色设置成"白色"；二是在进入页眉和页脚时，设置表格和边框为"无"；第三种方法是进入页眉编辑，然后选中段落标记并删除它；最后一种方法是将"样式"图标栏里面的"页眉"换成"正文"就行了。

4. 快速打印多页表格标题

选中表格的主题行，选择"表格工具"的"布局"选项卡，选择功能区"数据"组的"重复标题行"，当你预览或打印文件时，你就会发现每一页的表格都有标题了，当然使用这个技巧的前提是表格必须是自动分页的。

5. 插入公式

用户可以在文档中插入不同类型的公式，只需通过 Word 2010 提供的公式编辑器进行插入即可。

　　将插入点定位于要插入公式的位置,选择"插入"选项卡,在"符号"组中单击"公式"按钮,在下拉菜单中选择要插入的公式。或者单击"插入新公式"选项,在文档中利用"设计"选项卡中的公式工具来编辑公式,如图 1-64 所示。公式制作完成后,单击公式外的位置可退出公式编辑状态。

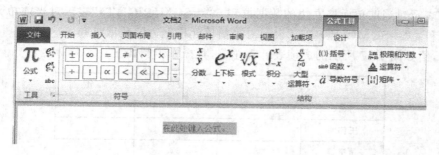

图 1-64　公式工具

6. 首字下沉

　　在报纸杂志上经常会看到第一段开头的第一个字格外粗大,非常醒目,这是首字下沉的效果。

　　将插入点置于要设置首字下沉的段落中,选择"插入"选项卡,在"文本"组中单击"首字下沉"按钮,在下拉选项中选择"下沉"选项,即可预览首字下沉的效果,如图 1-65 所示。单击"首字下沉"打开"首字下沉选项"对话框,设置首字下沉的格式,如图 1-66 所示。

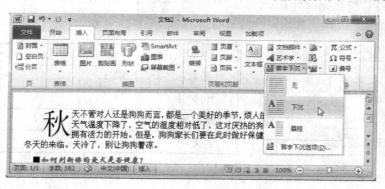

图 1-65　"首字下沉"下拉选项

7. 表格中数据的计算与排序

　　Word 2010 的表格功能中提供了一些简单的计算功能,并且还提供了一系列用来计算的函数,其中,包括求和函数 SUM()、求平均值函数 AVERAGE()、计数函数 COUNT()、求最大值函数 MAX()、求最小值函数 MIN()等。

　　(1) 单元格的引用

　　表格中的每个单元格都对应着一个唯一的引用编号。编号的方法是以 1,2,3,…,代表单元格所在的行,以字母 A,B,C,…,代表单元格所在的列。

图 1-66　"首字下沉"对话框

例如,A2 表示第 2 行第 A 列;B3 表示第 3 行第 B 列;A2:B3 表示以 A2 单元格为左上角,以 B3 单元格为右下角构成的一块矩形单元格。

（2）表格中数据的计算

在公式中可以引用当前单元格的左边、右边和上面来定义一组单元格,例如:"=SUM(LEFT)"表示对当前单元格左边的数据求和。"=SUM(RIGHT)"表示对当前单元格右边的数据求和。"=SUM(ABOVE)"表示对当前单元格上方的数据求和。

例如,给如图 1-67 所示的成绩表计算总分,其操作步骤如下。

姓名	语文	数学	总分
张权	87	67	
王伟明	76	85	
黄玉娟	78	67	
李文华	90	88	

图 1-67　成绩表

① 将插入点移到存放运算结果的单元格 D2。

② 单击"布局"选项卡,在"数据"组中单击"公式"按钮,打开"公式"对话框,如图 1-68 所示。

③ 可以使用文本框中原有的公式,也可以输入公式"=B2+C2"或者"=SUM(B2:C2)",单击"确定"按钮完成计算。

④ 用类似的方法算计其他同学的总分,结果如图 1-69 所示。

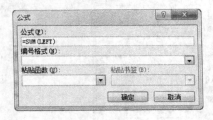

姓名	语文	数学	总分
张权	87	67	154
王伟明	76	85	161
黄玉娟	78	67	145
李文华	90	88	178

图 1-68　"公式"对话框　　　　　图 1-69　成绩表的总分结果

（3）表格中数据的排序

用户可以对表格内容按字母顺序、数字大小、日期先后或笔画的多少进行升序或降序的排序。先要选择一列作为排序的依据,当该列(称为主关键字)内容有多个相同的值时,则根据另一列(称为次关键字)排序,依次类推,最多可选择三个关键字排序。

选择"布局"选项卡,在"数据"组中单击"排序"按钮,可打开"排序"对话框设置排序方式,如图 1-70 所示。

8. 将表格转换为文本

为了操作方便,有时候需要将表格转换为文本。例如,若要将图 3-76 所示的成绩表转换为文本,先选定整个表格,单击"布局"选项卡,在"数据"组中单击"转换为文本"按钮,弹出"表格转换成文本"对话框,如图 1-71 所示。在"文字分隔符"选项中单击"逗号",单击"确定"即可将表格转换成文本,结果如图 1-72 所示。

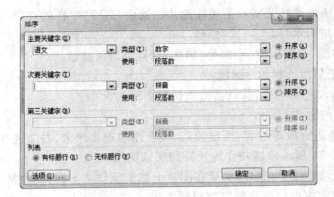

图 1-70 "排序"对话框

姓名, 语文, 数学, 总分
张权, 87, 67, 154
王伟明, 76, 85, 161
黄玉娟, 78, 67, 145
李文华, 90, 88, 178

图 1-71 "表格转换成文本"对话框   图 1-72 表格转换为文本的结果

实训一　设计电子板报

实训目的

利用 Word 2010 强大的文档排版功能(字符排版、段落排版、页面排版、多栏编辑、图文混排、艺术字等)设计图文并茂、内容丰富的电子板报。

实训内容

(1) 打开文档"板报设计.docx",进行页面设置。纸张规格:A4(21 cm×29.7 cm),纸张方向:横向。页边距调整:上边界为 3.1 cm,下边界为 3.1 cm,左边界为 3.2 cm,右边界为 3.2 cm。

(2) 将文档显示方式调整为"页面视图",并调整"显示比例"为 100%。

(3) 将全文分三栏显示,栏间加分隔线,并设置如下值:一栏栏宽为 7 cm,栏间距为 0.75 cm;二栏栏宽为 6.8 cm,栏间距为 0.75 cm;三栏栏宽为自动调整;应用范围为整个文档。

(4) 全文字体设置为宋体,小五号;其中,"古今第一长联":楷体,四号;联内诗句:黑体,小五号。通过"打印预览"观察分栏效果,使所有文字均在同一页。

(5) 制作"凡事多往好的方向想"标题,具体如下。

在文章首行插入样张所示图片,然后再插入一文本框,框线无颜色,无填充。在所绘文本框内输入"凡事多往好的方向想"几个汉字。并将之设定为:楷体、小四号、红色。自己适当调整图形对象的大小如样张所示。

（6）在第一栏插入如样张所示的趣味图片。其中"危险"字样的背景色为橘黄色。

（7）制作如样张所示"师生问读"标题：

要求："师生问读"为仿宋体、小四号、居中；背景色为天蓝色。

（8）制作"庄子与伊人神游"标题：

如样张所示插入艺术字标题，自己适当调整图形的大小。

（9）"精品屋"的制作：

① 首先对长诗进行段落设置：选定长诗，设置左缩进 2 厘米，右缩进 0 厘米。

② 插入如图 1-73 所示玫瑰花作为长诗的底纹图案。

③ 如样张所示插入房门图片，然后在图片上加上竖排文本框，框内加上"精品屋"三字：宋体、四号、红色。文本框边框和底纹都设置为无。

（10）将排版后的文档，以"板报设计结果.docx"为文件名保存在计算机的 D 盘。

电子板报设计结果如图 1-73 所示。

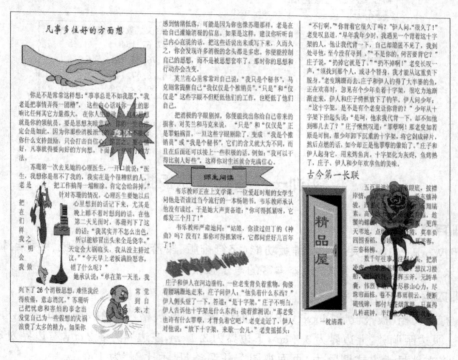

图 1-73 "电子板报设计结果"效果

实训二 表格的制作

1. 制作职工工资表

 实训目的

利用 Word 2010 丰富的制表功能，制作职工工资表。

实训内容

（1）使用插入表格的方法创建一个5行4列的表格。

（2）给该表格绘制斜线表头。

（3）在表格中输入内容，如图1-74所示。

工资 姓名	基本工资	津贴	奖金
张三	5 000	500	800
李四	5 000	500	800
王五	5 000	500	800
赵六	5 000	500	800

图1-74　表格内容

（4）在表格最右边插入一列，输入列标题"实发工资"；在表格最下边插入一行，输入行标题"平均值"。

（5）在表格上面插入表标题，内容为"职工工资表"，字体为黑体，字号为四号，居中对齐。

（6）将表格中所有单元格设置为水平居中、垂直居中，设置整个表格水平居中。

（7）在表格中，使用公式计算各职工实发工资以及各项工资的平均值。

（8）将表格中的数据按照"实发工资"降序排列。

（9）设置表格外框线为2.25磅的粗线，内框线为1磅的细线。

（10）设置表格第一行下框线为双框线。

（11）为表格第一行添加浅绿色底纹。

完成后，把该文档以"职工工资表.docx"命名保存在计算机的D盘。

2．制作人事资料表

任务描述

当一位新员工到一个单位时，他要做的第一件事往往是填写一份人事资料表。如何制作一份实用、美观的人事资料表，是人事部门和行政助理需要掌握的技能。

任务要求

（1）综合运用表格的创建、单元格合并与拆分。

（2）给表格添加边框和底纹。

（3）设置单元格对齐方式，并插入符号。

制作好的人事资料表如图1-75和图1-76所示。

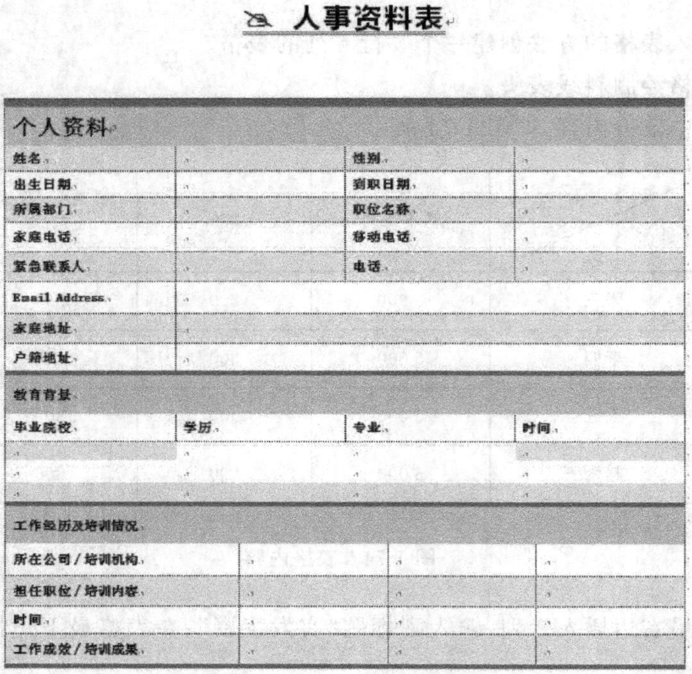

人事资料表

个人资料			
姓名		性别	
出生日期		到职日期	
所属部门		职位名称	
家庭电话		移动电话	
紧急联系人		电话	
Email Address			
家庭地址			
户籍地址			
教育背景			
毕业院校	学历	专业	时间
工作经历及培训情况			
所在公司／培训机构			
担任职位／培训内容			
时间			
工作成效／培训成果			

图 1-75 “人事资料表”第一页

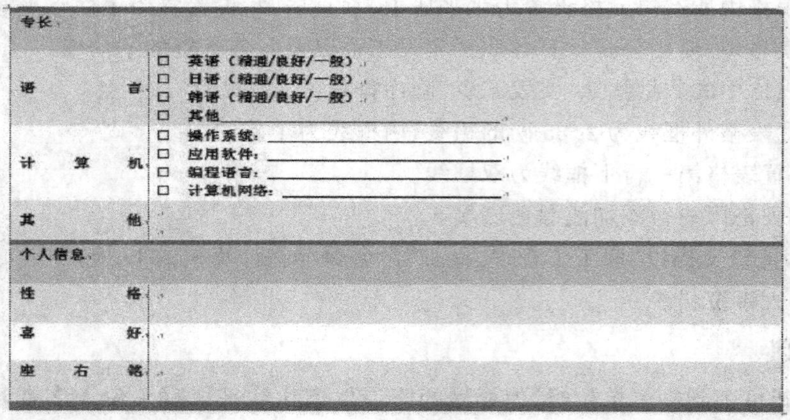

专长	
语　　言	□ 英语（精通/良好/一般） □ 日语（精通/良好/一般） □ 韩语（精通/良好/一般） □ 其他＿＿＿＿＿＿
计　算　机	□ 操作系统：＿＿＿＿＿＿ □ 应用软件：＿＿＿＿＿＿ □ 编程语言：＿＿＿＿＿＿ □ 计算机网络：＿＿＿＿＿＿
其　　他	
个人信息	
性　　格	
喜　　好	
座　右　铭	

图 1-76 “人事资料表”第二页

实训三　毕业论文排版

实训目的

利用 Word 2010 的排版功能，对毕业论文进行排版。

实训内容

（1）页面设置：统一用 A4 纸（210 mm×297 mm），边距设为上 2.54 cm、下 2.54 cm、左 3 cm、右 2.2 cm；行距固定值 20 磅。

（2）中英文摘要设置：中文标题"内容摘要"四个字用三号粗黑体，其正文用四号宋体。英文内容摘要即标题词"Abstract"用三号 Times New Roman 字体加粗，其正文用 Times New Roman 四号。中英文摘要正文均以空两格格式开始行文。中文的"关键词"和英文的"Key words"分别用黑体四号和 Times New Roman 四号，并加粗左对齐。正文分别用四号宋体和四号 Times New Roman。

（3）毕业论文中的英文均采用 Times New Roman 字体，其字体号与其对应的部分（注：正文、注释等）一致。

（4）论文正文中，换章必须换页，没有按章节安排结构的无须换页。

（5）第一级标题用三号黑体，居中且段前段后各一行。

（6）第二级标题用小三黑体，靠左空两个字符，上下空一行。

（7）第三级标题用四号黑体，靠左空两个字符，不空行。

（8）正文小四号字宋体，行距为固定值 20 磅。

（9）图题及图中文字用 5 号宋体。

（10）参考文献另起一页，参考文献标题用三号粗黑体，居中上下空一行，参考文献正文为五号宋体，英文参考文献正文用 Times New Roman 五号。

（11）附录标题用三号黑体，居中上下空一行，附录正文为小四号宋体。

（12）致谢标题用三号黑体，居中上下空一行，致谢正文为小四号宋体。

（13）注释标题用三号黑体，居中上下空一行，注释正文为小四号宋体。

（14）目录设置：在英文摘要下一页插入论文目录。目录格式：目录标题用宋体三号加粗，下空一行。一级标题用黑体四号加粗，二级和三级标题用宋体四号，目录行间距为 25 磅。目录要更新到最终状态。

（15）页眉从正文页开始设置。页眉靠左的部分为：广东××××××学院，靠右的部分为论文的题目。字体采用黑体小五号。

（16）页脚从正文页开始设置页码。页码采用五号黑体，加粗居中放置，格式：第 1 页。

实训四　制作成绩通知单

实训目的

利用 Word 2010 的邮件合并功能，制作成绩通知单

实训内容

以"成绩通知单.docx"为主文档、以"成绩数据表.docx"为数据源文档进行邮件合并，将最后合并的新文档以成绩通知单结果.docx"为文件名保存在计算机的 D 盘。

邮件合并结果如图 1-77 所示。

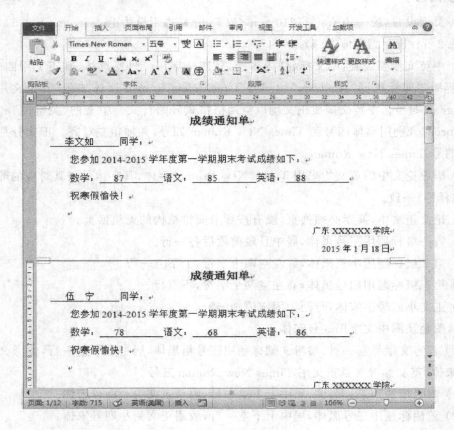

图 1-77　成绩通知单结果

实训五　产品广告设计

制作企业刊物封面

 任务描述

在企业的发展过程中,树立企业文化形象是企业不断壮大的重要因素,企业文化的传播有多种途径,例如创办一份企业刊物便是企业文化建设过程中一个有效的举措。请为企业刊物制作一个封面。

 任务要求

(1) Word 2010 提供了几十种样式供用户选择。

(2) 根据实际需要对所选择的样式进行排版位置、颜色、大小的设计。

设计后的企业刊物封面如图 1-78 所示。

图 1-78 企业刊物封面

第二章　电子表格 Excel 2010

🎩 学习目标

- 掌握常用函数的功能及其函数参数的意义。
- 掌握电子表格的格式化处理。
- 学会用图表统计分析表格信息。
- 熟悉数据透视表并能灵活应用。

任务一　公式的使用

📖 任务描述

Excel 中最强大的功能之一就是数据的计算功能,在进行数据计算时,需要输入各种公式、函数,并在公式中对单元格进行不同类型的引用,以便计算出所需的结果。

📖 任务分析

公式是对工作表中数据进行计算和操作的等式。使用公式有助于分析工作表中的数据并执行各种运算。公式的使用包括单元格引用、输入公式、编辑公式、复制和移动公式等。

📖 知识链接

公式是对工作表中数据进行计算的表达式,公式必须以等号"="开头,后面跟表达式。公式可以包括函数、引用、运算符和常量。

1. 单元格引用

引用用于标识工作表上的单元格或单元格区域,并告知 Microsoft Excel 在何处查找公式中所使用的数值或数据。通过引用,可以在一个公式中使用工作表不同区域的数据,或者在多个公式中使用同一个单元格中的数值,或者引用同一个工作簿中其他工作表上的单元格甚至其他工作簿中的数据。单元格的引用主要有绝对引用、相对引用和混合引用三种方式。

(1) 相对引用。公式中的相对单元格引用(如 A1)是基于包含公式和单元格引用的单元格的相对位置。如果公式所在单元格的位置改变,引用也随之改变。如果多行或多列地复制或填充公式,引用会自动调整。在默认情况下,新公式使用相对引用。例如,如果将单元格 B2 中的相对引用复制或填充到单元格 B3,将自动从"=A1"调整到"=A2"。

（2）绝对引用。公式中的绝对单元格引用（如＄A＄1）总是在特定位置引用单元格。如果公式所在单元格的位置改变，绝对引用将保持不变。如果多行或多列地复制或填充公式，绝对引用将不作调整。在默认情况下，新公式使用相对引用，用户通过在相对引用的列标和行号前面分别加上"＄"符号将其转换为绝对引用。例如，如果将单元格B2中的绝对引用复制或填充到单元格B3，则在两个单元格中一样，都是"＄A＄1"。

（3）混合引用。混合引用具有绝对列和相对行或绝对行和相对列。绝对引用列采用＄A1、＄B1等形式。绝对引用行采用A＄1、B＄1等形式。如果公式所在单元格的位置改变，则相对引用将改变，而绝对引用将不变。如果多行或多列地复制或填充公式，相对引用将自动调整，而绝对引用将不作调整。例如，如果将一个混合引用从A2复制到B3，它将从＝A＄1调整到＝B＄1。

2. 定义名称

在Excel的数据计算和分析处理过程中，需要引用大量的单元格区域，作为计算过程中所需要的数据。如果对这些单元格区域定义名称，不但可以使各部分的数据意义明确，也便于查找、引用和管理。

（1）使用名称框命名。可以直接在名称框中对选择的单元格区域进行命名。具体操作步骤如下。选择要命名的单元格区域，单击"名称框"并输入相应的名称，然后按Enter键，即可完成单元格的重命名。

（2）使用"新建名称"对话框命名，具体操作步骤如下：

① 选择要命名的单元格区域，单击"公式"→"定义的名称"→"定义名称"按钮，弹出"新建名称"对话框。

② 在"名称"文本框中输入命名的名称，在"范围"下拉列表框中选择该名称的有效范围。

③ 设置好后单击"确定"按钮，完成单元格命名操作。

3. 公式的输入和使用

（1）输入公式

可以直接在单元格中输入公式，也可以在编辑栏中输入公式。具体操作步骤如下：

① 直接在单元格中输入。对于简单的公式，可以直接在单元格中输入。首先单击需输入公式的单元格，接着输入"＝"（等号），然后输入公式内容，最后单击编辑栏上的"输入"按钮✓，或者按Enter键，即可完成公式的输入。

② 在编辑栏中输入。单击要输入公式的单元格，然后单击"编辑栏"按钮，在编辑栏中输入"＝"（等号），输入操作数和运算符，输入完毕，按Enter键或单击编辑栏上的"输入"按钮即可完成公式的输入。

（2）编辑公式

输入完公式之后，有时需要对公式进行重新编辑，修改公式中引用的单元格地址或常量值。要修改公式，可单击含有公式的单元格，然后在"编辑栏"中进行修改，修改完毕按Enter键即可。要删除公式，可单击含有公式的单元格，然后按Delete键。

（3）复制公式

创建公式之后，需要在其他单元格中使用同样的公式计算时，可以复制公式。复制公式可以通过"填充柄"或"选择性粘贴"命令实现，具体操作步骤如下：

① 使用"填充柄"复制公式。在 Excel 中,当用户想将某个单元格中的公式复制到同列(行)中相邻的单元格时,可以通过拖动"填充柄"来快速完成。具体方法为:选中需要复制的单元格,将鼠标放置在单元格的右下角,当光标呈黑色小十字的时候,按住鼠标左键拖动填充柄到目标位置后释放,即可完成公式的复制操作。

② 利用"选择性粘贴"复制公式。复制含有公式的单元格(此单元格包含格式),然后选择目标单元格,单击"粘贴"按钮下方的三角按钮,在展开的列表中选择"选择性粘贴"命令 ,在打开的对话框中选择"公式"单选按钮,然后单击"确定"按钮,即可完成公式的复制操作。

任务二　函数的使用

任务描述

在日常工作中有时需要计算大量的数据信息,如果不采取有效的计算方法,这将是一件很头疼的事情。Excel 为用户提供了丰富的常用函数功能,用户通过使用这些函数就能对复杂数据进行计算。函数是电子表格预先定义、执行计算、分析等处理数据任务的特殊公式,用于对一个或多个执行运算的数据进行指定的计算。参与运算的数据称为函数的参数,其可以是数字、文本、逻辑值、数组、常量、公式、其他函数或单元格引用。

知识链接

每个函数都由函数名和变量组成,其中函数名表示将执行的操作,变量表示函数将作用的数值所在单元格地址,通常是一个单元格区域,也可以是更为复杂的内容。在公式中合理地使用函数,可以完成如求和、逻辑判断、财务分析等众多数据处理功能。

1. 函数的书写格式

函数由函数名和参数组成,其一般格式为

函数名(参数 1,参数 2,…)。

函数名用以描述函数的功能,通常用大写字母表示。参数可以是单元格引用、数字、公式或其他函数。例如,SUM(Number1,Number2,Number3,…)是一个求和函数,其中 SUM 是函数名,Number1,Number2,Number3… 是函数参数,且参数用一对括号"()"括起来。

在输入函数时,需要注意以下语法规则:

(1) 函数必须以等号"="开始,如"=MAX(A1:B5)"。

(2) 当函数的参数个数多于 1 个时,需要用逗号","作为分隔符。

(3) 函数的参数须用括号"()"括起来。

(4) 函数的参数如果是文本,则需要用英文双引号(" ")括起来。

(5) 函数的参数可以是定义好的单元格或单元格区域名、数组、单元格引用、数值、公式或其他函数。

2. 函数的分类

(1) 财务函数:可以进行一般的财务计算。例如,确定贷款的支付额、投资的未来值或净现值,以及债券或息票的价值。

（2）时间和日期函数：可以在公式中分析和处理日期值和时间值。

（3）数学和三角函数：可以处理简单和复杂的数学计算。

（4）统计函数：用于对数据进行统计分析。

（5）查找和引用函数：在工作表中查找特定的数值或引用的单元格。

（6）数据库函数：分析工作表中的数值是否符合特定条件。

（7）文本函数：可以在公式中处理字符串。

（8）逻辑函数：可以进行真假值判断，或者进行复合检验。

（9）信息函数：用于确定存储在单元格中的数据的类型。

（10）工程函数：用于工程分析。

3．函数的输入

使用函数时，应首先在单元格中输入了"＝"号，进入公式编辑状态，然后再输入函数名称，函数名称后紧跟着输入一对括号，括号内为一个或多个参数，参数之间需要用逗号进行分隔。在工作表中输入函数的方法主要有"手动输入"和使用"函数向导"两种。具体操作步骤如下：

（1）手工输入函数。单击要需输入函数的单元格，然后依次输入等号、函数名、左括号、具体参数和右括号，最后单击"编辑栏"中的"输入"按钮或按 Enter 键，此时在输入函数的单元格中将显示公式的运算结果。

（2）使用"函数向导"。如果不能确定函数的拼写或参数，可以使用"函数向导"插入函数。具体操作步骤如下。

① 单击要插入函数的单元格，单击"编辑栏"左侧的"插入函数"按钮，或者单击"公式"→"函数库"→"插入函数"按钮。

② 弹出"插入函数"对话框，在"选择函数"列表框中选择合适的函数，如图 2-1 所示。

③ 单击"确定"按钮，弹出"函数参数"对话框，如图 2-2 所示。

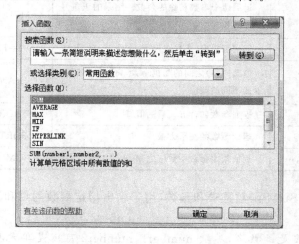

图 2-1　插入函数对话框

④ 单击 按钮，在工作表中拖动鼠标选择需要参与计算的单元格区域。选择好后，单击按钮 ，返回"函数参数"对话框。单击"确定"按钮，完成公式的插入，在对应单元格中返回计算结果。

图 2-2　函数参数对话框

4. 常用函数的使用

Excel 2010 提供二百多个函数,根据函数的实际功能分成几大类型,用户具体应用选择合适的函数,下面介绍一些经常使用的函数。

(1) 数学和三角函数

使用数学和三角函数,可以对单元格内的数据进行一些简单的数学计算。例如对选定单元格区域中的数值求和,或对数值四舍五入等。表 2-1 列出常见的数学和三角函数。

表 2-1　数学与三角函数

函数	功能说明	举例	结果
ABS(number)	返回参数的绝对值	=ABS(-10)	10
INT(number)	返回不大于参数的最大整数	=INT(78.8)	78
MOD(number,divisor)	返回两个参数相除的余数。结果的正负号与除数相同	=MOD(-5,-2)	-1
PI()	返回圆周率,小数点保留 15 位	=PI()	3.14159
RAND()	返回[0,1]之间的随机小数,每次计算时都返回不同的数值	RAND()	0.32
ROUND(number,n)	返回参数四舍五入后的值	ROUND(82.56,1)	82.6
SQRT(number)	返回参数的正平方根	SQRT(16)	4
SUM(number1,number2,…)	返回指定参数中数值之和	=SUM(D3:H3)	393

① SUM 函数。SUM 函数是求和函数,用于求出指定参数的总和。其函数格式为

$$SUM(number,number2,…)$$

说明:其中 SUM 是函数名,参数 number1,number2 可以是单元格引用、单元格区域、函数或数值。

② RAND 函数。RAND 函数是随机函数,该函数产生的值介于(0,1]之间的随机小数,其函数格式为

$$RAND()$$

根据实际需要产生的随机数所介于的范围，RAND 函数乘以不同的数值，用户可以用公式："＝RAND()＊(b－a)＋a"产生介于[a,b]之间的随机数，如果产生的随机数要等于b，则在括号中加 1，即公式改为"＝RAND()＊(b－a＋1)＋a"。

说明：当使用 RAND 函数产生随机数时，每次工作表计算的结果都不一样。

(2) 统计函数

统计函数是用于对数据区域进行统计分析的函数，主要功能包括统计某个区域数值的平均值、最大值、最小值，对数据进行相关概率分布统计和线性回归分析等操作。表 2-2 列出常见的统计函数。

表 2-2　统计函数

函　数	功能说明
AVERAGE(number1,number2,…)	返回指定参数的平均值
COUNT(value1,value2,…)	计算指定参数中数值的个数
COUNTA(value1,value2,…)	计算指定参数中非空单元格的个数
COUNTIF(range,criteria)	计算选定区域内满足指定条件的单元格数目
FREQUENCY(Data_array,Bins_array)	计算满足指定条件的一组数据中各分段区间的分布情况
MAX(number1,number2,…)	返回指定参数中的最大数值
MIN(number1,number2,…)	返回指定参数中的最小数值
RANK(Number,Ref,Order)	返回指定数值在数组中的排位

① AVERAGE 和 AVERAGEA 函数——计算平均值。AVERAGE 函数是计算所选区域中所有单元格的平均值。其语法形式为

AVERAGE(number1,number2,…)

其中 number1,number2,…为要计算平均值的(1～30 个)参数，这些参数可以是数字或者是涉及数字的名称、数组、或引用。如果数组或单元格引用参数中有文字、逻辑值或空单元格，则忽略其值。但是，如果单元格包含零值，则计算在内。AVERAGEA 函数则是计算所选区域中所有非空单元格的平均值，用法跟 AVERAGE 函数一样。

② COUNT 和 COUNTA 函数——求单元格个数。COUNT 函数是统计参数列表中含有数值数据的单元格个数。其语法形式为

COUNT(value1,value2,…)

其中 value1,value2,…为包含或引用各种类型数据的参数(1～30 个)。但只有数字类型的数据才被计数。COUNT 函数在计数时，可以把数字、空值、逻辑值、日期或以文字代表的数计算进去。但是错误值或其他无法转化成数字的文字则被忽略。如果参数是一个数组或引用，那么只统计数组或引用中的数字、数组中或引用的空单元格、逻辑值、文字或错误值都将忽略。如果要统计逻辑值、文字或错误值，应当使用 COUNTA 函数，其用法跟 COUNT 函数一样。

③ MAX 和 MIN 函数——求最大值和最小值。这两个函数 MAX、MIN 就是用来求解数据集的极值，即最大值、最小值。函数的用法非常简单，语法形式为：

函数(number1,number2,…)

其中 number1,number2,…为需要找出最大数值的 1~30 个数值,如果要计算数组或引用中的空白单元格、逻辑值或文本将被忽略。因此,如果逻辑值和文本不能忽略,则使用带 A 的函数 MAXA 或 MINA 来代替。

④ RANK 函数——排序函数。RANK 函数用于返回一个数字在指定参数列表中的排位。数字的排位是其大小与指定参数列表中其他值的比值(如果所指定的参数列表已经排过序,则数字的排位就是它当前的位置)。其函数格式为

RANK(Number,Ref,Order)

说明:参数"Number"是需要找到排位的数字;参数"Ref"是包含一组数字的单元格区域引用或一组数字,且在指定的参数范围内非数值型数据将被忽略;参数"Order"是一数字,指明排位的方式,如果 Order 值为 0 或省略,Microsoft Excel 将 Ref 按照降序排列,如果 Order 不为零,Microsoft Excel 将 ref 按照升序排列。

⑤ COUNTIF 函数。COUNTIF 函数用于计算指定参数中满足特定条件的单元格个数。其函数格式为

COUNTIF(range,criteria)

说明:参数 range 用于指明需要计算满足条件的单元格区域。参数 criteria 为特定条件,其可以是具体的数值、表达式或文本。

⑥ FREQUENCY 函数。FREQUENCY 函数是频率分布统计函数,用于对一列垂直的数组(或数值)进行分段,计算出该数组(或数值)落在每个分段区间的数据个数。其函数格式为

FREQUENCY(Data_array,Bins_array)

说明:参数 Data_array 为一数组或对一组数值的引用,用来计算频率。如果该参数指定的数组或引用不包含任何数值,则 FREQUENCY 函数返回零数组。

参数 Bins_array 为一数组或对数组区域的引用,即设置对 Data_array 参数进行频率统计的各分段区域的分段点。如果该参数不包含任何数值,则 FREQUENCY 函数返回 Data_array 参数中数据元素的个数。

另外,在指定参数 Bins_array 的分段点时应遵循下列规律:

假设 Bins_array 参数分别设为 A1,A2,A3,…,An。则其对应的分段区间应为

$X \leqslant A1, A1 < X \leqslant A2, A2 < X \leqslant A3, \cdots, An-1 < X \leqslant An, X > An$,即分段点应为每个分段区间的最大值,且分段点个数比分段区间个数少 1。

(3) 逻辑函数

逻辑函数也称为条件函数,用户使用逻辑函数可以对指定参数进行真假判断,以及进行复合检验。表 2-3 列出常见的逻辑函数。

IF 函数是条件选择函数,其根据 Logical_test(条件表达式)参数的值判断真假,返回不同的计算结果。其函数格式为

IF(Logical_test,Value_if_true,Value_if_false)

说明:Logical_test 参数指定可进行真假值判断的表达式。

Value_if_true 参数指定当 Logical_test 值为"真"时的返回值,省略时返回"TRUE"。

Value_if_false 参数指定当 Logical_test 值为"假"时的返回值,省略时返回"FALSE"。

表 2-3　逻辑函数

函数	功能说明	举例	结果
IF(Logical_test,Value_if_true, Value_if_false)	计算参数 Logical_test 的值,如果该值为真,则返回参数 Value_if_true 的值,否则返回参数 Value_if_false 的值	=IF(I3>=400, "上线","落榜")	落榜
AND(Logical1,Logical2,…)	当所有表达式的逻辑值都为真,才返回 TRUE,否则返回 FALSE	=AND(1,2)	TRUE
OR(Logical1,Logical2,…)	只要有一个表达式的逻辑值为真,函数就返回 TRUE	=OR(FALSE, FALSE)	FALSE
NOT(Logical1,Logical2,…)	对表达式的逻辑值求反	=NOT(FALSE)	TRUE

(4) 文本函数

使用文本函数,用户可以在公式或函数中处理字符串。表 2-4 列出常见的文本函数。

表 2-4　文本函数

函数	功能说明	举例	结果
LEFT(字符串,n)	返回字符串左边 n 个字符,如果省略 n,则返回左边第一个字符	=LEFT("信息工程",2)	信息
LEN(字符串)	返回字符串中字符的个数	=LEN("资讯工程")	4
RIGHT(字符串,n)	返回字符串右边 n 个字符,如果省略 n,则返回右边第一个字符	=RIGHT("资讯工程",2)	工程
MID(字符串,m,n)	取出字符串从 m 个位置开始的 n 个字符	=MID("abc123",4,3)	123
LOWER(字符串)	将字符串中所有大写字母转换成小写字母	=LOWER("Lee")	lee
UPPER(字符串)	将字符串中所有小写字母转换成大写字母	=LOWER("Lee")	LEE

(5) 日期和时间函数

使用日期和时间函数可以对日期时间型数据进行处理。表 2-5 列出常见的日期和时间函数。

表 2-5　日期和时间函数

函数	功能说明	举例	结果
TODAY()	返回系统当前日期	=TODAY()	2009-12-20
YEAR(日期)	返回指定日期的年份	=YEAR("2009-12-20")	2009
MONTH(日期)	返回指定日期的月份	=MONTH("2009-12-20")	12
DAY(日期)	返回指定日期的天数	=DAY("2009-12-20")	20
NOW()	返回系统当前的日期和时间	=NOW()	2009-12-20 20:50
HOUR(时间)	返回指定时间中的小时数	=HOUR("20:50")	20

（6）数据库函数

数据库函数用于对存储在数据清单或数据库中的数据进行统计分析,使用数据库函数可以在数据清单中计算满足一定条件的数据的值。数据库函数有些共同特征:

① 每个数据库函数都有三个参数:Database、Field 和 Criteria。

② 除了 GETPIVOTDATA 函数之处,其他每个数据库函数都以字母 D 开头。

③ 如果将函数名的字母 D 去掉,其与统计函数中函数名一样,例如将 DCOUNT 函数的字母 D 去掉,就是统计函数中的计数函数 COUNT。表 2-6 列出常见的数据库函数。

表 2-6 数据库函数

函数	功能说明
DAVERAGE	返回数据清单中满足指定条件的列中数值的平均值
DCOUNT	返回数据清单的指定列中,满足给定条件且包含数字的单元格数目
DCOUNTA	返回数据清单的指定列中,满足给定条件的非空单元格数目
DMAX	返回数据清单的指定列中,满足给定条件单元格中的最大数值
DMIN	返回数据清单的指定列中,满足给定条件的单元格中的最小数值
DSUM	返回数据清单的指定列中,满足给定条件单元格中的数字之和

数据库函数的语法格式:函数名(Database,Field,Criteria)。

例如,DAVERAGE(Database,Field,Criteria),每个数据库函数都具有相同的这三个参数。这三个参数的含义如下:

① Database:指构成数据清单或数据库的单元格区域,包含字段名。数据库是包含一组相关数据的数据清单,其中包含相关信息的行为记录,而包含数据的列为字段。数据清单的第一行包含着每一列的列标题,即字段名。

② Field:用于指定函数所使用的数据列。数据清单中的数据列必须在第一行具有列标题。Field 可以是文本,即两端带引号的字段名,如"性别"或"数据结构";另外,Field 也可以是代表数据列在数据清单中所在位置的数字,如 1 表示第一列,2 表示第二列等。

③ Criteria:为一组包含给定条件的单元格区域。可以为 Criteria 参数指定任意区域,只要它至少包含一个列标题和列标题下方用于设定条件的单元格区域。

（7）财务函数

Excel 提供了许多财务函数,这些函数大体上可分为四类:投资计算函数、折旧计算函数、偿还率计算函数、债券及其他金融函数。这些函数为财务分析提供了极大的便利。利用这些函数,可以进行一般的财务计算,如确定贷款的支付额、投资的未来值或净现值,以及债券或息票的价值等。表 2-7 列出常用的投资计算财务函数。

表 2-7 财务函数

函数	功能说明
PMT	计算某项年金每期支付金额
PV	计算某项投资的净现值
FV	计算投资的未来值
NPV	在已知定期现金流量和贴现率的条件下计算某项投资的净现值

在财务函数中有两个常用的变量：f 和 b，其中 f 为年付息次数，如果按年支付，则 f＝1；按半年期支付，则 f＝2；按季支付，则 f＝4。b 为日计数基准类型，如果日计数基准为"US（NASD）30/360"，则 b＝0 或省略；如果日计数基准为"实际天数/实际天数"，则 b＝1；如果日计数基准为"实际天数/360"，则 b＝2；如果日计数基准为"实际天数/365"，则 b＝3 如果日计数基准为"欧洲 30/360"，则 b＝4。下面简要介绍表 2-7 中所列出的财务函数。

① PMT 函数。PMT 函数的格式为

$$PMT(r, np, p, f, t)$$

该函数基于固定利率及等额分期付款方式，返回投资或贷款的每期付款额。其中，r 为各期利率，是一固定值，np 为总投资（或贷款）期，即该项投资（或贷款）的付款期总数，pv 为现值，或一系列未来付款当前值的累积和，也称为本金，fv 为未来值，或在最后一次付款后希望得到的现金余额，如果省略 fv，则假设其值为零（例如，一笔贷款的未来值即为零），t 为 0 或 1，用以指定各期的付款时间是在期初还是期末。如果省略 t，则假设其值为零。

例如，需要 10 个月付清的年利率为 8％的 ¥10 000 贷款的月支额为 PMT(8％/12, 10, 10 000)，则计算结果为-¥1 037.03。对于同一笔贷款，如果支付期限在每期的期初，则支付额应为 PMT(8％/12, 10, 10 000, 0, 1)，其计算结果为-¥1 030.16。

② PV 函数。PV 函数的格式为

$$PV(r, n, p, fv, t)$$

计算某项投资的现值。年金现值就是未来各期年金现在的价值的总和。如果投资回收的当前价值大于投资的价值，则这项投资是有收益的。

例如，借入方的借入款即为贷出方贷款的现值。其中 r（rage）为各期利率。如果按 10％的年利率借入一笔贷款来购买住房，并按月偿还贷款，则月利率为 10％/12（即 0.83％）。可以在公式中输入 10％/12、0.83％或 0.008 3 作为 r 的值；n（nper）为总投资（或贷款）期，即该项投资（或贷款）的付款期总数。对于一笔 4 年期按月偿还的住房贷款，共有 4×12（即 48）个偿还期次。可以在公式中输入 48 作为 n 的值；p（pmt）为各期所应付给（或得到）的金额，其数值在整个年金期间（或投资期内）保持不变，通常 p 包括本金和利息，但不包括其他费用及税款。例如，¥10 000 的年利率为 12％的四年期住房贷款的月偿还额为 ¥263.33，可以在公式中输入 263.33 作为 p 的值；fv 为未来值，或在最后一次支付后希望得到的现金余额，如果省略 fv，则假设其值为零（一笔贷款的未来值即为零）。

③ FV 函数。FV 函数的格式为

$$FV(r, np, p, pv, t)$$

该函数基于固定利率及等额分期付款方式，返回某项投资的未来值。其中 r 为各期利率，是一固定值，np 为总投资（或贷款）期，即该项投资（或贷款）的付款期总数，p 为各期所应付给（或得到）的金额，其数值在整个年金期间（或投资期内）保持不变，通常 P 包括本金和利息，但不包括其他费用及税款，pv 为现值，或一系列未来付款当前值的累积和，也称为本金，如果省略 pv，则假设其值为零，t 为数字 0 或 1，用以指定各期的付款时间是在期初还是期末，如果省略 t，则假设其值为零。

例如：FV(0.6％, 12, -200, -500, 1) 的计算结果为 ¥3 032.90；FV(0.9％, 10, -1 000) 的计算结果为 ¥10 414.87；FV(11.5％/12, 30, -2 000, , 1) 的计算结果为 ¥69 796.52。

④ NPV 函数。NPV 函数的格式为

$$NPV(r,v1,v2,\cdots)$$

该函数基于一系列现金流和固定的各期贴现率,返回一项投资的净现值。投资的净现值是指未来各期支出(负值)和收入(正值)的当前值的总和。其中,r 为各期贴现率,是一固定值;v1,v2,⋯代表 1 到 29 笔支出及收入的参数值,v1,v2,⋯所属各期间的长度必须相等,而且支付及收入的时间都发生在期末,NPV 按次序使用 v1,v2,来注释现金流的次序。所以一定要保证支出和收入的数额按正确的顺序输入。如果参数是数值、空白单元格、逻辑值或表示数值的文字表示式,则都会计算在内;如果参数是错误值或不能转化为数值的文字,则被忽略,如果参数是一个数组或引用,只有其中的数值部分计算在内。忽略数组或引用中的空白单元格、逻辑值、文字及错误值。

例如,假设第一年投资 ¥8 000,而未来三年中各年的收入分别为 ¥2 000,¥3 300 和 ¥5 100。假定每年的贴现率是 10%,则投资的净现值是:NPV(10%,−8 000,2 000,3 300,5 800),其计算结果为:¥8 208.98。

(8)查找函数

Excel 中的查找函数也很多,但在实际工作中会经常用到的查找函数有:MATCH( )、LOOKUP( )、HLOOKUP( )、VLOOKUP( ),这些查找函数不仅仅具有查对的功能,同时还能根据查找的结果和参数的设定得到我们需要的数值。特别是这几个函数的配合使用,并以逻辑函数 IF( )的辅助,用户就可以在两个或多个有一定关联的工作簿中动态生成新的数据列。

LOOKUP( )、HLOOKUP( )、VLOOKUP( )函数的功能都是在数组或表格中查找指定的数值,并按照函数参数设定的值返回表格或数组当前列(行)中指定行(列)处的数值。

由于 LOOKUP( )函数在单行(列)区域查找数值,并返回第二个单行(列)区域中相同位置的数值,或是在数组的第一行(列)中查找数值,返回最后一行(列)相同位置处的数值,其适用范围具有比较大的局限性,在实际的应用中,通常使用更加灵活的 HLOOKUP( )和 VLOOKUP( )函数。

HLOOKUP( )和 VLOOKUP( )的作用类似,其区别是 HLOOKUP( )在表格或数组的首行查找数值,返回表格或数组当前列中指定行的数值,而 VLOOKUP( )是在表格或数组的首列查找数值,并返回表格或数组当前行中指定列的数值。这里所说的表格是按单元格地址设定的一个表格区域,如 A2:E8。VLOOKUP( )函数的格式如下:

VLOOKUP(lookup_value,table_array,col_index_num,range_lookup)。

各参数说明如下:

① lookup_value——为需要在表格数组(数组:用于建立可生成多个结果或可对在行和列中排列的一组参数进行运算的单个公式。数组区域共用一个公式;数组常量是用作参数的一组常量。)第一列中查找的数值。Lookup_value 可以为数值或引用。若 lookup_value 小于 table_array 第一列中的最小值,VLOOKUP 将返回错误值 ≠N/A。

② table_array——为两列或多列数据。请使用对区域的引用或区域名称。table_array 第一列中的值是由 lookup_value 搜索的值。这些值可以是文本、数字或逻辑值。不区分大小写。

③ col_index_num——为 table_array 中待返回的匹配值的列序号。Col_index_num 为 1 时,返回 table_array 第一列中的数值;col_index_num 为 2,返回 table_array 第二列中的

数值,以此类推。如果 col_index_num 小于 1,VLOOKUP 返回错误值≠VALUE!；如果大于 table_array 的列数,VLOOKUP 返回错误值≠REF!。

④ range_lookup——为一逻辑值,为 TRUE 或省略该值时,要求 table_array 第一行的数据必须升序排列,否则会得到错误的结果,同时表示待查找内容与查找内容近似匹配就可以了,如果不能精确匹配的话,则函数返回小于 lookup_value 的最大数值；如果为 FALSE,不需要 table_array 的数值进行排序,并要求精确匹配,如果没有找到则函数返回≠N/A。

任务设计

1. 数学函数和统计函数的应用

"数学函数和统计函数应用"工作表中的数据如图 2-3 所示,请使用相应函数计算总销售金额、最高销售金额、最低销售金额和平均销售金额；统计单价超过 3 000 元的销售记录条数；统计销售数量小于 20、在 20～30 之间,30～40 之间,大于 40 以上的记录各有几条。操作步骤如下。

产品销售一览表

序号	月份	业务员	产品	型号	单价	数量	金额		
0001	一月	张 红	三星	Galaxy S5 (G9008V)	3299.0	22.0	72578.0	总销售金额	
0002	二月	张 红	诺基亚	XL 4G (RM-1061)	599.0	40.0	23960.0	最高销售额	
0003	三月	张 红	飞利浦	W6618	1439.0	11.0	15829.0		
0004	四月	张 红	SONY爱立信	P1c	3771.0	16.0	60336.0	最低销售额	
0005	五月	张 红	飞利浦	I928	1599.0	22.0	35178.0		
0006	六月	张 红	海尔手机	HG-N93	2688.0	42.0	112896.0	平均销售额	
0007	一月	胡小飞	SONY爱立信	P1c	3771.0	35.0	131985.0		
0008	二月	胡小飞	海尔手机	HG-N93	2688.0	26.0	69888.0		
0009	三月	胡小飞	三星	Galaxy S5 (G9008W)	2799.0	23.0	64377.0	单价超过3000元的销售记录数	
0010	四月	胡小飞	海尔手机	HG-N93	2688.0	21.0	56448.0		
0011	五月	胡小飞	海尔手机	HG-K160	1688.0	33.0	55704.0		
0012	六月	胡小飞	SONY爱立信	P990c	2343.0	36.0	84348.0		
0013	一月	王 杰	诺基亚	Nokia N76	2200.0	23.0	50600.0	建立分段点	按销售数量分段统计
0014	二月	王 杰	三星	Galaxy S5 G9008W	3099.0	15.0	46485.0		
0015	三月	王 杰	SONY爱立信	P990c	2343.0	16.0	37488.0		
0016	四月	王 杰	飞利浦	PHILIPS 699	1480.0	25.0	37000.0		
0017	五月	王 杰	飞利浦	9@9k	1419.0	28.0	39732.0		
0018	六月	王 杰	SONY爱立信	P990c	2343.0	28.0	65604.0		
0019	一月	杨艳芳	诺基亚	Lumia 930 (RM-1087)	2699.0	46.0	124154.0		
0020	二月	杨艳芳	诺基亚	Lumia 830 (RM-984)	2058.0	18.0	37044.0		
0021	三月	杨艳芳	飞利浦	W8568	1899.0	32.0	60788.0		
0022	四月	杨艳芳	飞利浦	W9588	3239.0	29.0	93931.0		
0023	五月	杨艳芳	海尔手机	HG-K160	1688.0	13.0	21944.0		
0024	六月	杨艳芳	三星	Galaxy S5 (G9009W)	3299.0	45.0	148455.0		

图 2-3　"产品销售表"工作表

(1) 求总销售金额(SUM 函数)

① 单击 I3 单元格,单击"编辑栏"左侧的"插入函数"按钮。

② 弹出"插入函数"对话框,单击"选择类别"文本框右侧下拉按钮,选择"统计"命令。在"选择函数"列表框中选择"SUM"函数。

③ 单击"确定"按钮,弹出"函数参数"对话框,单击 Number1 文本框右侧　按钮,在工作表中拖动鼠标选择参与计算的 H3:H26 单元格区域。选择好后,单击　按钮,返回"函数参数"对话框。

④ 单击"确定"按钮,完成公式的插入,在 I3 单元格中计算出总销售金额。

(2)求最高销售金额(MAX 函数)

① 单击 I5 单元格,单击"编辑栏"左侧的"插入函数"按钮。

② 弹出"插入函数"对话框,单击"选择类别"文本框右侧下拉按钮,选择"统计"命令。

在"选择函数"列表框中选择"MAX"函数。

③ 单击"确定"按钮,弹出"函数参数"对话框,单击 Number1 文本框右侧 按钮,在工作表中拖动鼠标选择参与计算的 H3:H26 单元格区域。选择好后,单击 按钮,返回"函数参数"对话框。

④ 单击"确定"按钮,完成公式的插入,在 I5 单元格中计算出最高销售金额。

(3)求最低销售金额(MIN 函数)

① 单击 I7 单元格,单击"编辑栏"左侧的"插入函数"按钮 。

② 弹出"插入函数"对话框,单击"选择类别"文本框右侧下拉按钮,选择"统计"命令。在"选择函数"列表框中选择"MIN"函数。

③ 单击"确定"按钮,弹出"函数参数"对话框,单击 Number1 文本框右侧 按钮,在工作表中拖动鼠标选择参与计算的 H3:H26 单元格区域。选择好后,单击 按钮,返回"函数参数"对话框。

④ 单击"确定"按钮,完成公式的插入,在 I7 单元格中计算出最低销售金额。

(4)求平均销售金额(AVERAGE 函数)

① 单击 I9 单元格,单击"编辑栏"左侧的"插入函数"按钮 。

② 弹出"插入函数"对话框,单击"选择类别"文本框右侧下拉按钮,选择"统计"命令。在"选择函数"列表框中选择"AVERAGE"函数。

③ 单击"确定"按钮,弹出"函数参数"对话框,单击 Number1 文本框右侧 按钮,在工作表中拖动鼠标选择参与计算的 H3:H26 单元格区域。选择好后,单击 按钮,返回"函数参数"对话框。

④ 单击"确定"按钮,完成公式的插入,在 I9 单元格中计算出平均销售金额。

(5)统计单价超过 3 000 元的销售记录条数(COUNTIF 函数)

① 单击 I12 单元格,单击"编辑栏"左侧的"插入函数"按钮 。

② 弹出"插入函数"对话框,单击"选择类别"文本框右侧下拉按钮,选择"统计"命令。在"选择函数"列表框中选择"COUNTIF"函数。

③ 单击"确定"按钮,弹出"函数参数"对话框,按图 2-4 所示输入各参数值。

④ 单击"确定"按钮,完成公式的插入,在 I12 单元格中计算出单价超过 3 000 元的销售记录条数为 6 条。

(6)统计销售数量分布在不同数据段的记录数(FREQUENCY 函数)

① 建立分段点,根据分段区间分别在单元格 I16:I18 中输入 19,29,39。

② 选定存放统计结果的单元格区域 J16:J19。由于 FREQUENCY 函数根据分段区间统计的结果有多个,因此需要选择多个单元格来存放输出结果,且选定的单元格个数比分段点个数多 1。单击"编辑栏"左侧的"插入函数"按钮 。

③ 弹出"插入函数"对话框,单击"选择类别"文本框右侧下拉按钮,选择"统计"命令。在"选择函数"列表框中选择"FREQUENCY"函数。

④ 单击"确定"按钮,弹出"函数参数"对话框,按图 2-5 所示输入各参数值。

=COUNTIF(F3:F26,">3000")	=FREQUENCY(G3:G26,I16:I18)
图 2-4 COUNTIF 函数的参数值	图 2-5 FREQUENCY 函数的参数值

⑤ 同时按"Ctrl＋Shift＋Enter"组合键，在单元格区域 J16:J19 统计出销售数量分布在不同数据段的记录数。

完成计算后的工作表数据统计结果如图 2-6 所示。

	A	B	C	D	E	F	G	H	I	J
1	产品销售一览表									
2	序号	月份	业务员	产品	型号	单价	数量	金额	总销售金额	
3	0001	一月	张　红	三星	Galaxy S5 (G9008V)	3299.0	22.0	72578.0	1546732.0	
4	0002	二月	张　红	诺基亚	XL 4G (RM-1061)	599.0	40.0	23960.0	最高销售额	
5	0003	三月	张　红	飞利浦	W6618	1439.0	11.0	15829.0	148455.0	
6	0004	四月	张　红	SONY爱立信	P1c	3771.0	16.0	60336.0	最低销售额	
7	0005	五月	张　红	飞利浦	I928	1599.0	22.0	35178.0	15829.0	
8	0006	六月	张　红	海尔手机	HG-N93	2688.0	42.0	112896.0	平均销售额	
9	0007	一月	胡小飞	SONY爱立信	P1c	3771.0	35.0	131985.0	64447.2	
10	0008	二月	胡小飞	海尔手机	HG-N93	2688.0	26.0	69888.0		
11	0009	三月	胡小飞	三星	Galaxy S5 (G9006W)	2799.0	23.0	64377.0	单价超过3000元的销售记录数	
12	0010	四月	胡小飞	海尔手机	HG-N93	2688.0	21.0	56448.0	6	
13	0011	五月	胡小飞	海尔手机	HG-K160	1688.0	33.0	55704.0		
14	0012	六月	胡小飞	SONY爱立信	P990c	2343.0	36.0	84348.0		
15	0013	一月	王　杰	诺基亚	Nokia N76	2200.0	23.0	50600.0	建立分段点	按销售数量分段统计
16	0014	二月	王　杰	三星	Galaxy S5 G9008W	3099.0	15.0	46485.0	19	6
17	0015	三月	王　杰	SONY爱立信	P990c	2343.0	16.0	37488.0	29	10
18	0016	四月	王　杰	飞利浦	PHILIPS 699	1480.0	25.0	37000.0	39	4
19	0017	五月	王　杰	飞利浦	9@9k	1419.0	28.0	39732.0		4
20	0018	六月	王　杰	SONY爱立信	P990c	2343.0	28.0	65604.0		
21	0019	一月	杨艳芳	诺基亚	Lumia 930 (RM-1087)	2699.0	46.0	124154.0		
22	0020	二月	杨艳芳	诺基亚	Lumia 830 (RM-984)	2058.0	18.0	37044.0		
23	0021	三月	杨艳芳	飞利浦	W8568	1899.0	32.0	60768.0		
24	0022	四月	杨艳芳	飞利浦	W9588	3239.0	29.0	93931.0		
25	0023	五月	杨艳芳	海尔手机	HG-K160	1688.0	13.0	21944.0		
26	0024	六月	杨艳芳	三星	Galaxy S5 (G9009W)	3299.0	45.0	148455.0		

图 2-6　产品销售表的计算结果

2. 逻辑函数、文本函数、日期和时间函数的应用

打开"其他函数应用"工作表，其数据如图 2-7 所示。根据 A 列空气污染指数，在 B 列对应的单元格中使用 IF 函数计算其空气质量状况：空气污染指数 201～300 的为"不佳"，空气污染指数 101～200 的为"普通"，空气污染指数 51～100 的为"良"，空气污染指数小于 50 的为"优"；根据 D 列员工的身份证号码，在 E 列计算每位员工的出生年月日；根据 F 列每位员工的工作日期，在 G 列计算每位员工的工龄。其操作步骤如下。

	A	B	C	D	E	F	G
1	空气污染指数	空气质量状况	姓名	身份证号码	出生年月	工作日期	工龄
2	211		王亚如	442333197806205829		2000-7-1	
3	94		李鹏	362322196805251232		1990-12-10	
4	213		孙越	362321197908102345		2001-8-9	
5	263		郑丽芳	442223196410059872		1987-1-25	
6	170		张佳丽	413211196602208976		1988-5-20	
7	51		叶晓楠	405512198012241234		2002-6-26	
8	69		周星星	221233197909281141		1999-10-18	
9	189		杨剑	221122196706250011		1990-4-5	
10	169		古月	414244196202202242		1984-3-21	
11	181		余云霞	414433195801253328		1980-9-5	
12	109		苏美蕴	362355197907110539		1999-6-19	
13	15		习斌	408822196003214111		1983-9-10	

图 2-7　"其他函数应用"工作表

(1) 统计空气质量状况(IF 函数)

① 选择单元格 B2，使其成为活动单元格，在"编辑栏"中输入公式：=IF(A2>200,"不佳",IF(A2>100,"普通",IF(A2>50,"良","优")))。

② 按 Enter 键，在 B2 单元格计算出空气质量状况为"不佳"。

③ 选定 B2 单元格，拖动填充柄到 B13 单元格，计算其他空气质量状况。

（2）计算出生年月日（MID 函数）

① 选择单元格 E2，使其成为活动单元格，在"编辑栏"中输入公式：＝MID(D2,7,8)。

② 按 Enter 键，在 E2 单元格计算出的出生年月为"19780620"。

③ 选定 E2 单元格，拖动填充柄到 E13 单元格，计算其他出生年月。

（3）计算工龄（YEAR 函数）

① 选择单元格 G2，使其成为活动单元格，在"编辑栏"中输入公式：＝YEAR(NOW())－YEAR(F2)。

② 按 Enter 键，在 G2 单元格计算出的工龄为"12"。

③ 选定 G2 单元格，拖动填充柄到 G13 单元格，计算其他出生年月。

完成计算后的"其他函数应用"工作表如图 2-8 所示。

	A	B	C	D	E	F	G
1	气污染指	空气质量状况	姓名	身份证号码	出生年月	工作日期	工龄
2	224	不佳	王亚如	442333197806205829	19780620	2000-7-1	15
3	213	不佳	李鹏	362322196805251232	19680525	1990-12-10	25
4	78	良	孙越	362321197908102345	19790810	2001-8-9	14
5	58	良	郑丽芳	442223196410059872	19641005	1987-1-25	28
6	265	不佳	张佳丽	413211196602208976	19660220	1988-5-20	27
7	271	不佳	叶晓楠	405512198012241234	19801224	2002-6-26	13
8	235	不佳	周星星	221233197909281141	19790928	1999-10-18	16
9	53	良	杨剑	221122196706250011	19670625	1990-4-25	15
10	164	普通	古月	414244196202202242	19620220	1984-3-21	31
11	191	普通	佘云霞	414433195801253328	19580125	1980-9-5	35
12	5	优	苏美蕴	362355197907110539	19790711	1999-6-19	16
13	266	不佳	习斌	408822196003214111	19600321	1983-9-10	32

图 2-8 "其他函数的应用"结果

3. 数据库函数的应用

对"数据库函数"工作表中的产品销售数据进行计算，先根据"产品"分别统计出"三星""SONY 爱立信"两种产品的平均销售金额，要求条件区域建立在 J2：K3 单元格区域，计算结果存放在 J4：K4 单元格区域中；然后根据"产品"和"型号"统计出型号为"P990c"的"SONY 爱立信产品"的销售记录有几条，要求条件区域建立在 J6：K7 单元格区域，计算结果放在 J8 单元格中，其操作步骤如下。

（1）建立条件区域

按照任务要求，在 J2：K3 单元格区域和 J6：K7 单元格区域建立条件，如图 2-9 所示。

I	J	K
条件	产品	产品
	三星	SONY 爱立信
平均销售金额：		
条件	产品	型号
	SONY 爱立信	P990c
销售记录数：		

图 2-9 建立条件区域

（2）统计三星、SONY 爱立信两种产品的平均销售金额

① 单击 J4 单元格，单击"编辑栏"左侧的"插入函数"按钮 *fx*。

② 弹出"插入函数"对话框，单击"选择类别"文本框右侧下拉按钮，选择"数据库"命令。在"选择函数"列表框中选择"DAVERAGE"函数。

③ 单击"确定"按钮，弹出"函数参数"对话框，按图 2-10 所示输入各参数值。

④ 单击"确定"按钮，完成公式的插入，在 J4 单元格中计算出三星产品的平均销售金额。

⑤ 单击 J4 单元格,将鼠标指针移到填充柄,按住鼠标左键不放,将其拖到 K5 单元格后释放鼠标,计算出 SONY 爱立信产品的平均销售金额。

(3)统计型号为"P990c"的"SONY 爱立信产品"的销售记录数

① 单击 J8 单元格,单击"编辑栏"左侧的"插入函数"按钮 f_x。

② 弹出"插入函数"对话框,单击"选择类别"文本框右侧下拉按钮,选择"数据库"命令。在"选择函数"列表框中选择"DCOUNTA"函数(或 DCOUNT 函数)。

③ 单击"确定"按钮,弹出"函数参数"对话框,按图 2-11 所示输入各参数值。

=DAVERAGE($B$2:$H$26, $H$2, J2:J3)　　=DCOUNTA($A$2:$H$26, $C$2, J6:K7)

图 2-10　DAVERAGE 函数的参数值　　　　图 2-11　DCOUNTA 函数的参数值

④ 单击"确定"按钮,完成公式的插入,在 J8 单元格中计算出型号为"P990c"的"SONY 爱立信产品"的销售记录数。

完成计算后的"数据库函数"工作表数据如图 2-12 所示。

	A	B	C	D	E	F	G	H	I	J	K
1				产品销售一览表							
2	序号	月份	业务员	产品	型号	单价	数量	金额	条件:	产品	产品
3	0001	一月	张 红	三星	Galaxy S5 (G9008V)	3299.0	22.0	72578.0		三星	SONY爱立信
4	0002	二月	张 红	诺基亚	XL 4G (RM-1061)	599.0	40.0	23960.0	平均销售金额:	82973.75	75952.2
5	0003	三月	张 红	飞利浦	W6618	1439.0	11.0	15829.0			
6	0004	四月	张 红	SONY爱立信	P1c	3771.0	16.0	60336.0	条件:	产品	型号
7	0005	五月	张 红	飞利浦	I928	1599.0	22.0	35178.0		SONY爱立信	P990c
8	0006	六月	张 红	海尔手机	HG-N93	2688.0	42.0	112896.0	销售记录数:	3	
9	0007	一月	胡小飞	SONY爱立信	P1c	3771.0	35.0	131985.0			
10	0008	二月	胡小飞	海尔手机	HG-N93	2688.0	26.0	69888.0			
11	0009	三月	胡小飞	三星	Galaxy S5 (G9006W)	2799.0	23.0	64377.0			
12	0010	四月	胡小飞	海尔手机	HG-N93	2688.0	21.0	56448.0			
13	0011	五月	胡小飞	海尔手机	HG-K160	1688.0	33.0	55704.0			
14	0012	六月	胡小飞	SONY爱立信	P990c	2343.0	36.0	84348.0			
15	0013	一月	王 杰	诺基亚	Nokia N76	2200.0	23.0	50600.0			
16	0014	二月	王 杰	三星	Galaxy S5 G9008W	3099.0	15.0	46485.0			
17	0015	三月	王 杰	SONY爱立信	P990c	2343.0	16.0	37488.0			
18	0016	四月	王 杰	飞利浦	PHILIPS 699	1480.0	25.0	37000.0			
19	0017	五月	王 杰	飞利浦	989k	1419.0	28.0	39732.0			
20	0018	六月	王 杰	SONY爱立信	P990c	2343.0	28.0	65604.0			
21	0019	一月	杨艳芳	诺基亚	Lumia 930 (RM-1087)	2699.0	46.0	124154.0			
22	0020	二月	杨艳芳	诺基亚	Lumia 830 (RM-984)	2058.0	18.0	37044.0			

图 2-12　数据库函数的应用结果

4. 财务函数的应用

打开"财务函数的应用"工作簿,该工作簿有三个工作表,分别为

① "FV 函数的应用"工作表存放的数据是:假设某人两年后需要一笔比较大的学习费用支出,计划从现在起每月初存入 2 000 元,如果按年利 2.25%,按月计息(月利为 2.25%/12),那么两年以后该账户的存款额会是多少呢?

② "PV 函数的应用"工作表存放的数据是:假设要购买一项保险年金,该保险可以在今后二十年内于每月末回报￥600,此项年金的购买成本为￥80 000,假定投资回报率为 8%,那么该项年金的现值为多少呢?

③ "NPV 函数的应用"工作表存放的数据是:假设开一家电器经销店,初期投资￥200 000,而希望未来一年中积年的收入分别为￥20 000、￥40 000、￥50 000、￥80 000 和

¥120 000。假定每年的贴现率是 8%(相当于通货膨胀率或竞争投资的利率),则投资的净现值的公式是多少呢?

请分别使用相应的财务函数对三个工作表的数据进行计算,其操作步骤如下:

(1) 使用 FV 函数求某项投资的未来值

① 打开"财务函数应用"工作簿并切换到"FV 函数的应用"工作表,在 A9 单元格输入公式:=FV(A2/12,A3,A4,A5,A6)。

② 按 Enter 键,计算出的两年后的存款金额为¥49,141.34,其结果如图 2-13 所示。

(2) 使用 PV 函数求某项投资的现值

① 打开"财务函数应用"工作簿并切换到"PV 函数的应用"工作表,在 A7 单元格输入公式:=PV(0.08/12,12 * A4,A2,0)。

② 按 Enter 键,计算出的年金的现值为:-¥71 732.58,其结果如图 2-14 所示。

	A	B
1	数据	说明
2	2.25%	年利率
3	24	付款期总数
4	-2000	各期应付金额
5		现值
6	1	各期的支付时间在期初
7		
8	公式	说明（结果）
9	¥49,141.34	两年后的存款金额:¥49,141.34

图 2-13　FV 函数的应用结果

	A	B
1	数据	说明
2	600	每月底一项保险年金的支出
3	8%	投资收益率
4	20	付款的年限
5		
6	公式	说明（结果）
7	¥-71,732.58	年金现值为:-¥71,732.58
8		负值表示这是一笔付款,也就是支出现金流。年金(¥-71,732.58)的现值小于实际支付的(¥80,000)。因此,这不是一项合算的投资。

图 2-14　PV 函数的应用结果

(3) 使用 NPV 函数求某项投资的净现值

① 打开"财务函数应用"工作簿并切换到"NPV 函数的应用"工作表,在 A12 单元格输入公式:=NPV(A2,A4:A8)+A3。

② 按 Enter 键,计算出该投资的净现值为:¥32 976.06。

③ 如果该电器店营业到第六年时,需要付出¥40 000 重新装修门面,则六年后投资的净现值计算公式为=NPV(A2,A4:A8,A9)+A3。其结果如图 2-15 所示。

5. 查找函数的应用

打开"查找函数应用"工作簿,在 Sheet1 工作表中有一份商品及单价数据,如图 2-16 所示。请根据在"查找商品名"列所选择的商品名,在数据区提取"单价"列数据,采用精确匹配 0。假如在"查找商品名"列选择的商品为"铅笔",则提取该商品对应的单价。其操作步骤如下。

	A	B
1	数据	说明
2	8%	年贴现率,可表示整个投资的通货膨胀率或利率。
3	-200,000	初期
4	20,000	第一年的收益
5	40,000	第二年的收益
6	50,000	第三年的收益
7	80,000	第四年的收益
8	120,000	第五年的收益
9	-40,000	第六年装修费
10		
11	公式	说明（结果）
12	¥32,976.06	该投资的净现值
13	¥7,769.27	该投资的净现值,包括第六年中40,000的装修费

图 2-15　NPV 函数的应用结果

	A	B	C	D	E
1	商品名	单价		查找商品名	提取商品名的单价
2	稿纸	5.00		铅笔	
3	台灯	15.00			
4	桌子	75.00			
5	铅笔	0.50			
6					

图 2-16　Sheet1 工作表的数据

① 打开"查找函数应用"工作簿并切换到"Sheet1"工作表,在 A7 单元格输入公式:=VLOOKUP(D2,A2:B5,2,)。

② 按 Enter 键,提取出铅笔商品的单价为 0.5。

任务三 创建销售统计图表

任务描述

Excel 工作表中的数据往往看起来不够直观明了,有时需要对多组数据进行对比、分析。借助图表功能,将表中数据按照需要生成某种类型的图表,利用图表的直观性用户很容易发现数据的某些关系、信息或规律。

知识链接

图表是数据的一种可视化表示形式。通过使用类似柱形或折线这样的元素,图表可按照图形格式显示系列数值数据,使用户更容易理解大量数据以及不同数据系列之间的关系。

1. 图表元素

图表中包含许多元素。默认情况会显示其中一部分元素,而其他元素可以根据需要进行添加。可以通过将图表元素移到图表中的其他位置、调整图表元素的大小或更改格式来更改图表元素的显示,也可以删除不希望显示的图表元素,如图 2-17 所示。

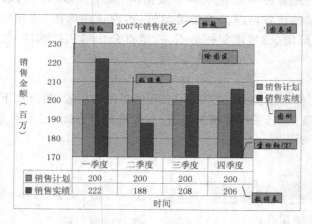

图 2-17 数据表元素

(1) 图表区。图表区是指整个图表及其全部元素。

(2) 绘图区。绘图区是指在二维图表中,通过轴来界定的区域,包括所有数据系列。在三维图表中,同样是通过轴来界定的区域,包括所有数据系列、分类名、刻度线标志和坐标轴标题。

(3) 数据系列。数据系列是指在图表中绘制的相关数据点,这些数据源自数据表的行或列。图表中的每个数据系列具有唯一的颜色或图案并且在图表的图例中表示。可以在图表中绘制一个或多个数据系列,但饼图只有一个数据系列。

(4) 坐标轴。坐标轴是指界定图表绘图区的线条,用作度量的参照框架。y 轴通常为垂直坐标轴并包含数据,x 轴通常为水平轴并包含分类,数据沿着横坐标轴和纵坐标轴绘制在图表中。

（5）图例。图例是一个方框,用于标识图表中的数据系列或分类指定的图案或颜色。

（6）图表标题。图表标题是说明性的文本,可以自动与坐标轴对齐或在图表顶部居中。

（7）数据标签。数据标签是指为数据标记提供附加信息的标签,数据标签代表源于数据表单元格的单个数据点或值。

2．应用预定义的图表布局和图表样式

可以快速为图表应用 Excel 提供的预定义的图表布局和图表样式,也可以根据需要,手动更改各个图表元素(如图表区、绘图区、数据系列或图例)的布局和格式。

应用预定义的图表布局时,会有一组特定的图表元素(如标题、图例、模拟运算表或数据标签)按特定的排列顺序显示在图表中。可以从为每种图表类型提供的各种布局中进行选择。

应用预定义的图表样式时,会以所应用的文档主题为图表设置格式,以便图表与用户自己的主题颜色(一组颜色)、主题字体(一组标题和正文文本字体)以及主题效果(一组线条和填充效果)匹配。

用户不能创建自己的图表布局或样式,但是可以创建包括所需的图表布局和格式的图表模板。

3．常用图表类型

（1）柱形图

柱形图的主要用途为显示或比较多个数据组,显示一段时间内数据的变化情况,或者显示不同项目之间的比较情况。主要类型包括:簇状柱形图、堆积柱形图、百分比堆积柱形图、三维簇状柱形图、三维堆积柱形图、三维百分比堆积柱形图、三维柱形图等,如图2-18 所示。

（2）条形图

条形图的用途与柱形图类似,但更适用表现项目间的比较,类型如下:簇状条形图、堆积条形图、百分比堆积条形图、三维簇状条形图、三维堆积条形图、三维百分比堆积条形图、三维条形图,如图 2-19 所示。

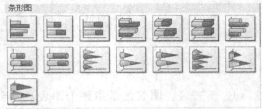

图 2-18　柱形图　　　　　　　　图 2-19　条形图

（3）折线图

折线图显示各个项目之间的对比以及某一项目的变化趋势(例如过去几年的销售总额)。类型如下:折线图、堆积折线图、百分比折线图、数据点折线图、堆积数据点折线图、百分比堆积数据点折线图、三维折线图,如图2-20 所示。

（4）饼图

饼图显示组成数据系列的项目在项目总和中所占的比例。饼图通常只显示一个数据系列。饼图类型如下：饼图、三维饼图、复合饼图、分离型饼图、分离型三维饼图、复合条饼图，如图 2-21 所示。

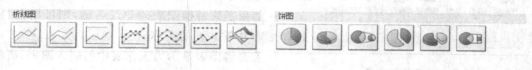

图 2-20　折线图　　　　　　　　　　　　　　　　　　图 2-21　饼图

（5）XY 散点图

这种图表类型适宜比较成对的数值。例如，两组数据的不规则间隔。具体类型如下：散点图、平滑线散点图、无数据点平滑线散点图、折线散点图、无数据点折线散点图，如图 2-22 所示。

（6）面积图

面积图显示数值随时间或类别的变化趋势，通过显示已绘制的值的总和，面积图还可以显示部分与整体的关系。其类型如下：面积图、堆积面积图、百分比堆积面积图、三维面积图、三维堆积面积图、三维百分比堆积面积图，如图 2-23 所示。

图 2-22　散点图　　　　　　　　　　　　　　　　　　图 2-23　面积图

除此之外，Excel 还提供了曲面图、气泡图、股价图、圆环图、雷达图等图表类型，在此不再赘述。

4．创建基本图表

对于大多数图表（如柱形图和条形图），用户可以将工作表的行或列中排列的数据绘制到图表中。但是，某些图表类型（如饼图和气泡图）则需要特定的数据排列方式。创建图表的具体操作步骤如下：

（1）在工作表上，排列要绘制在图表中的数据。数据可以排列在行或列中，Excel 会自动确定将数据绘制在图表中的最佳方式。

（2）选择需要用图表呈现的数据所在的单元格区域。如果只选择一个单元格，则 Excel 会自动将紧邻该单元格且包含数据的所有单元格绘制到图表中。

（3）单击"插入"→"图表"命令，执行下列操作之一：

• 单击图表类型，然后选择需要使用的图表子类型。

• 若要查看所有可用的图表类型，请单击 以启动"插入图表"对话框，然后单击相应箭头以滚动方式浏览图表类型。当鼠标指针停留在任何图表类型或图表子类型上时，屏幕提示将显示图表类型的名称，如图 2-24 所示。在默认情况下，图表作为图表嵌入在工作表内。如果要将图表放在单独的图表工作表中，则可以通过执行下列操作来更改其位置。

（4）单击嵌入图表中的任意位置以将其激活。将显示"图表工具"，其中包含"设计""布局"和"格式"命令。

（5）单击"设计"→"位置"→"移动图表"命令。在"选择放置图表的位置"下，执行下列操作之一：

图 2-24　选择图表类型

- 若要将图表显示在图表工作表中,请选择"新工作表"命令。
- 如果需要替换图表的建议名称,则可以在"新工作表"框中输入新的名称。
- 若要将图表显示为工作表中的嵌入图表,请单击"对象位于",然后在"对象位于"框中单击工作表。

任务设计

为"图表"工作表数据创建"员工销售业绩图表",以便于更直观地分析对比员工的销售业绩,其操作步骤如下。

(1) 选择 A2:D6 单元格区域,单击"插入"→"图表"→"柱形图"按钮,在弹出的菜单中选择"三维簇状柱形图"插入图表,如图 2-25 所示。

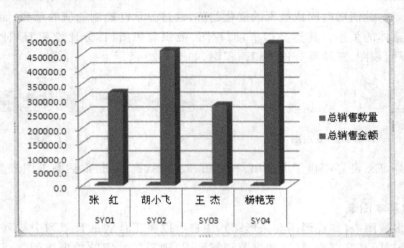

图 2-25　员工销售业绩图表 1

(2) 选择已插入的图表,点击"设计"→ 选择数据 ,弹出如图 2-26 所示的"选择数据源"窗口,从中删除"总销售数量"数据项。

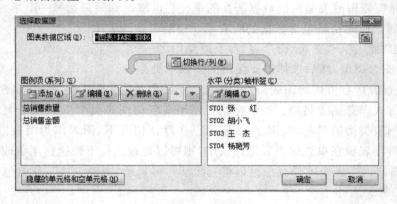

图 2-26　"选择数据源"窗口

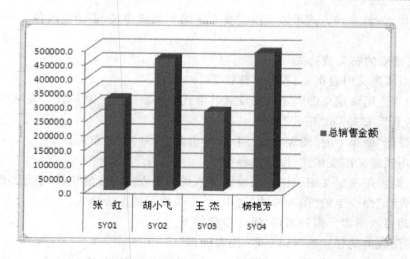

图 2-27 员工销售业绩图表 2

（3）单击嵌入图表中的任意位置以将其激活，单击"设计"→"位置"→"移动图表"按钮。

（4）在弹出的"移动图表"对话框中，选中"对象位于"单选按钮，在其下拉列表框中选择"Sheet2"，如图 2-28 所示。

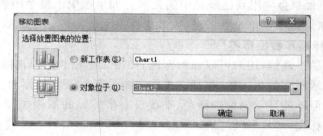

图 2-28 移动图表对话框

（5）单击确定按钮，将此图表移动到"Sheet2"工作表中。双击"Sheet2"标签，将其重命名为"员工销售业绩图表"。

任务四 编辑员工销售业绩图表

任务描述

创建好图表之后，经常会根据不同的使用需要，对图表进行调整和设置，以最佳的图表形式向用户传达更多有用的信息。

任务分析

不同类型的图表对于分析不同的数据有着各自的优势。在分析不同数据时，有时需要将已经创建好的图表进行类型转换，以适合数据的查看和分析。同样，为了使图表更美观，可以设置图表的外观样式，也可以通过直接套用默认样式，快速美化图表。

知识链接

创建图表后，用户可以设置它的外观。一种方式是快速为图表应用 Excel 提供的预定义的布局和样式;另一种方式可以根据需要自定义布局或样式,手动更改各个图表元素的布局和格式。

1. 更改图表的布局或样式

(1) 应用预定义图表布局,操作步骤如下。

① 单击要使用预定义图表布局来设置其格式的图表中的任意位置。显示"图表工具",其中包含"设计""布局"和"格式"命令。

② 在"设计"命令上的"图表布局"组中,单击要使用的图表布局。

(2) 应用预定义图表样式,操作步骤如下。

① 单击要使用预定义图表样式来设置其格式的图表中的任意位置,显示"图表工具"。

② 在"设计"命令上的"图表样式"组中,单击要使用的图表样式。

(3) 手动更改图表元素的布局,操作步骤如下。

① 单击图表内的任意位置以显示"图表工具"。

② 在"格式"命令上的"当前选择"组中,单击"图表元素"框中的箭头,然后单击所需的图表元素。

③ 在"布局"命令上的"标签"→"坐标轴"或"背景"组中,单击与所选图表元素相对应的图表元素按钮,然后单击所需的布局命令。

④ 选择的布局命令会应用到已经选中的元素。如果选中了整个图表,数据标签将应用到所有数据系列;如果选中了单个数据点,则数据标签只应用到选中的数据系列或数据点。

2. 添加/删除标题和数据标签

为了使图表更易于理解,用户可以添加标题,如图表标题和坐标轴标题。坐标轴标题通常用于在图表中显示所有的坐标轴,包括三维图表中的竖(系列)坐标轴。某些图表类型(如雷达图)有坐标轴,但不能显示坐标轴标题;某些没有坐标轴的图表类型(如饼图和圆环图)也不能显示坐标轴标题。

用户还可以通过创建对工作表单元格的引用将图表标题和坐标轴标题链接到这些单元格中的相应文本。在对工作表中相应的文本进行更改时,图表中所链接的标题将会自动更新。

若要快速标识图表中的数据系列,用户可以向图表的数据点添加数据标签。在默认情况下,数据标签链接到工作表中的值,在对这些值进行更改时数据标签会自动更新。

(1) 添加图表标题,操作步骤如下。

① 单击需要添加标题的图表的任意位置以选中图表。

② 单击"布局"→"标签"→"图表标题"按钮,选择"居中覆盖标题"或"图表上方"命令。

③ 在图表中显示的"图表标题"文本框中输入所需的文本。若要插入换行符,请单击要换行的位置,将指针置于该位置,然后按 Enter 键。

④ 如果需要设置文本的格式,请选中文本,然后在"浮动工具栏"上单击需要的格式设置命令。

也可以使用功能区("开始"命令上的"字体"组)上的格式设置按钮。若要设置整个标题的格式,用户可以右击该标题,选择"设置图表标题格式"命令,然后选择所需的格式设置命令。

(2) 添加坐标轴标题,操作步骤如下。

① 单击需要添加坐标轴标题的图表的任意位置。单击"布局"→"标签"→"坐标轴标题"按钮。

② 若要向主要横（分类）坐标轴添加标题，请选择"主要横坐标轴标题"，然后选择所需的命令。如果图表有次要横坐标轴，还可以添加"次要横坐标轴标题"。

③ 如果需要设置文本的格式，请选中文本，然后在"浮动工具栏"上单击所需的格式设置命令。

（3）添加数据标签，操作步骤如下。

① 根据数据点类型，单击不同的图表位置。若要向所有数据系列的所有数据点添加数据标签，单击图表区；若要向一个数据系列的所有数据点添加数据标签，单击该数据系列中需要标签的任意位置；若要向一个数据系列中的单个数据点添加数据标签，单击包含要标记的数据点的数据系列，然后单击要标记的数据点。

② 在"布局"命令上的"标签"组中，单击"数据标签"按钮，然后单击所需的显示命令。

任务设计

为了让"员工销售业绩图表"更美观，需要对图表布局及格式进行设置。添加图表标题"员工销售业绩图表"；坐标轴标题为"总销售金额"；图例放置于底部；设置"纵坐标（类别）轴"的数字格式为"货币"；设置图表的背景样式为"细微效果-强调颜色 3"，其操作步骤如下。

（1）在"员工销售业绩图表"工作表中选择图表，单击"布局"→"标签"→"图表标题"按钮。

（2）在下拉菜单中选择"图表上方"命令。将文本框中的文字更改为"员工销售业绩图表"。

（3）单击"布局"→"标签"→"坐标轴标题"按钮，在下拉菜单中选择"主要纵坐标轴标题"→"竖排标题"命令。将文本框中的文字更改为"总销售金额"。

（4）单击"布局"→"标签"→"图例"按钮，在弹出的菜单中选择"在底部显示图例"命令，将图表的图例放置在图表的下方。

（5）单击选中"纵坐标（类别）轴"，单击鼠标右键，在弹出的菜单中选择"设置坐标轴格式"命令，选择坐标轴数字格式为货币类型。

（6）选中图表，单击"格式"→"形状样式"→"其他"按钮，在弹出的下拉列表框中选择"细微效果-强调颜色 3"命令，设置图表的背景样式，如图 2-29 所示。

通过布局和格式设置，"员工销售业绩图表"效果如图 2-30 所示。

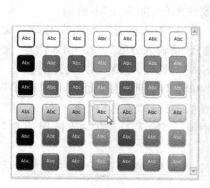

图 2-29　图表背景样式

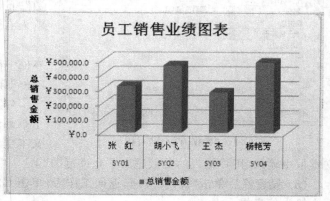

图 2-30　美化后的员工销售业绩图表

在 Excel 中可以通过排序、筛选和分类汇总来分析数据,这为用户提供了很大的便利。图表可以非常直观地反映工作表中数据之间的关系,并可以方便地比较和分析数据。利用数据透视表和透视图可以灵活的显示和隐藏数据,也可以用不同的方式对数据进行汇总。

任务五 设置数据有效性

 任务描述

在日常工作中,需要处理的数据往往具有一定的取值范围,此时用户可以在 Excel 表中对需要输入的数据加以说明和约束,合理设置数据的有效性,从而避免不必要的错误出现。

任务分析

在 Excel 中输入数据,有时会遇到要求某列或某个区域单元格数据具有唯一性的情况,如身份证号码、发票号码之类的数据,实际输入时有时会出现错误致使输入的数据相同。用户可以通过"数据有效性"来防止重复输入。同样,如果采用人工审核的方法,从浩瀚的数据中找到无效数据是件麻烦事,但用户使用 Excel 2010 的数据有效性,可以快速查找出表格中的无效数据。

知识点链接

使用数据有效性可以控制用户输入到单元格中的数据或数值类型。数据有效性是指从单元格的下拉列表中选择设置好的内容进行输入的方法。例如,用户可以使用数据有效性将需要输入的数据限制在某个日期范围、列表范围或者取值范围(如只能输入正整数)之内。

1. 设置数据有效性

设置单元格数据的有效性,不但可以增加数据的准确性,还可以增加输入数据的速度。设置数据有效性的具体操作步骤如下:

(1)选择一个或多个需要验证的单元格。单击"数据"→"数据工具"→"数据有效性"命令,在弹出的菜单中选择"数据有效性"命令。

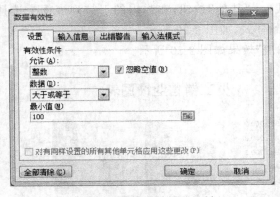

图 2-31 "数据有效性"对话框

(2)弹出"数据有效性"对话框,单击"设置"命令,在"允许"下拉列表框中选择所需要的数据有效性类型,如"整数""小数""日期"等命令。激活下面的文本框并输入有效性条件,如图 2-31 所示。

(3)单击"输入信息"命令,在"标题"文本框中输入"请输入分数"。在"输入信息"文本框中输入"只能输入 100 以内的正整数"。

(4)单击"出错警告"命令,在"样式"下拉列表框中选择"警告"命令。在"标题"文本框中输入"输入有误",在"错误信息"文本框中输入"用户输入的分数超出了允许范围"。

(5)设置好后单击"确定"按钮,返回工作表,单击 G21 单元格,在该单元格右下方显示一个输入信息提示框。

(6)向该单元格输入数值,如果输入的数值大于 100,将会弹出警告对话框。

2. 圈释错误数据

数据有效性条件并非尽善尽美,用户可以避开这些条件,通过从剪贴板粘贴或输入公式得出无效数据的途径输入无效数据。此外,创建和复制有效性条件时,Excel并不检查单元格或单元格区域中当前的内容。从视觉上识别无效数据可以通过使用"圈释错误数据"功能。具体操作步骤是,单击"数据"→"数据工具"→"数据有效性"命令,在弹出的菜单中选择"圈释无效数据"命令,在工作表中将用红色圈圈释出无效数据,如图2-32所示。

任务设计

在"数据有效性"工作表中,使用"数据有效性"对数据清单自定义输入序列,实现当用户选中"月份"列的任一单元格时,在其右侧显示一个下拉列表框箭头,并提供"一月""二月""三月""四月""五月"和"六月"等选择项供用户选择。

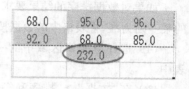

图2-32 圈释错误数据

(1)打开"产品销售数据信息"工作簿,"数据有效性"工作表数据。

(2)单击选中 B3:B26 数据区域,单击"数据"→"数据有效性",在弹出的数据有效性对话框,设置如图2-33所示。

(3)设置完数据有效性,选中"月份"列的任一单元格时,在其右侧显示一个下拉列表框箭头,并提供"一月""二月""三月""四月""五月"和"六月"等选择项供用户选择,如图2-34所示。

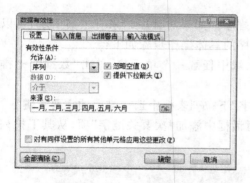

图2-33 "数据有效性"对话框

图2-34 "月份"列的数据可选项

任务六 数 据 排 序

任务描述

在日常工作中有时需要对一些数据进行排序,对数据进行排序有助于快速直观地呈现数据并更好地理解数据,有助于组织并查找所需数据。

任务分析

对 Excel 数据进行排序是数据分析中不可缺少的组成部分。利用 Excel 提供的排序功能,可以方便地对名称列表按字母顺序排列,按从高到低的顺序编制产品存货水平列表,按颜色或图标对行进行排序,根据特定需要按照自定义序列排序等。

知识链接

在 Excel 中可以对表格一列或多列中的数据按文本、数字、日期和时间的升序或降序进行排序;还可以按照自定义序列(如大小)或格式(如单元格颜色、字体颜色或图表集)进行排序。

1. 对列进行简单排序

如果对数据排序的结果要求不高,则可以使用简单排序功能。使用简单排序可以以表格中的某一列为准,将表格中的数据按升序或降序排列,以便观察和分析数据。具体操作步骤如下:

(1)选择单元格区域中的一列数值数据,或者确保活动单元格位于包含数值数据的列表中。

(2)在"数据"→"排序和筛选"组中,单击"升序"按钮 则将数据按从小到大的顺序排列;如单击"降序"按钮 则将数据按从大到小的顺序排列。

2. 对行进行简单排序

(1)选择单元格区域中的一行数据,或者确保活动单元格在表列中。

(2)单击"数据"→"排序和筛选"→"排序"按钮,弹出"排序"对话框。

(3)单击"命令"按钮,在"排序命令"对话框中的"方向"下,选择"按行排序"单选按钮,然后单击"确定"按钮。

(4)在"列"下的"排序依据"框中,选择要排序的行及其他排序条件。

3. 多关键字复杂排序

利用简单排序只能对单列或单行进行排序。如果对排序结果有较高要求,可以使用多关键字排序条件来进行排序。多关键字排序的具体操作步骤如下:

(1)打开要排序的工作表,单击数据区域中任意一个单元格,单击"数据"→"排序和筛选"→"排序"按钮。

(2)弹出"排序"对话框,在"主要关键字"下拉列表框中选择排序的主要关键字。

(3)单击"添加条件"按钮,在"排序"对话框中添加"次要关键字"项,从其下拉列表框中选择次要关键字,如图 2-35 所示。

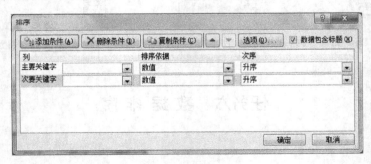

图 2-35　添加排序关键字

(4)继续单击"添加条件"按钮,可以添加更多的排序条件,也可以点击"删除条件"按钮来删除多余的条件。添加所需条件后,单击"确定"按钮。可以看到工作表中的数据按照关键字优先级进行了排序。

4. 自定义序列排序

在实际工作中,有时需要的并不是以 Excel 中默认的数字、汉字、笔画等排序规则进行排序的,而是根据特殊的使用要求进行一些特殊的排序。那么就可以通过自定义排序来完成,在进行排序之前需要先创建自定义排序的规则,自定义排序的具体操作步骤如下:

(1) 打开需要排序的工作表,单击"文件"命令,选择"命令"命令,在弹出的"Excel 命令"对话框中选择"高级"命令,选择"命令"命令,单击"编辑自定义列表"按钮,弹出"自定义序列"对话框。

(2) 选择"新序列"命令,在"输入序列"文本框中输入需要定义的序列(每行输入一项,按 Enter 键换行),单击"添加"按钮。

(3) 单击"数据"→"排序和筛选"→"排序"按钮。弹出"排序"对话框,在"主要关键字"下拉列表框中选择排序的主要关键字,在"次序"下拉列表框中选择"自定义序列"命令。

(4) 弹出"自定义序列"对话框,在"自定义序列"列表框中选择已定义的数据序列。

(5) 确定无误后,单击"确定"按钮,返回工作表,可以看到数据按照自定义序列中的顺序进行了排序。

任务设计

将"排序"工作表中的数据按照产品单价从高到低进行排序,以及按照自定义的产品名称顺序进行排序。操作步骤如下。

1. 按照产品单价由高到低进行排序

(1) 打开产品销售表工作簿,选择"排序"工作表中 A2:G26 数据区域。

(2) 选择"数据"→"排序",弹出排序设置对话框,按照图 2-36 所示进行设置。

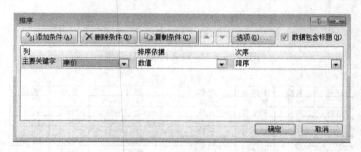

图 2-36　数据"排序"对话框

(3) 按照产品单价从高到低进行排序的最终结果如图 2-37 所示。

2. 按照自定义的产品名称顺序进行排序

(1) 打开产品销售表工作簿,选择"排序"工作表中 A2:H26 数据区域。

(2) 选择"数据"→"排序",弹出排序设置对话框,在"次序"下拉列表框中选择"自定义序列"命令。

(3) 弹出"自定义序列"对话框,在"输入序列"文本框中输入"三星、飞利浦、诺基亚、海尔手机、SONY 爱立信"序列,如图 2-38 所示。单击"添加"按钮。

(4) 单击"确定"按钮,返回"排序"对话框,按照自定义的产品名称顺序对表中数据进行排序,效果如图 2-39 所示。

产品销售一览表

序号	月份	业务员	产品	型号	单价	数量
0004	四月	张 红	SONY爱立信	P1c	3771.0	16.0
0007	一月	胡小飞	SONY爱立信	P1c	3771.0	35.0
0001	一月	张 红	三星	Galaxy S5 (G9008V)	3299.0	22.0
0024	六月	杨艳芳	三星	Galaxy S5 (G9009W)	3299.0	45.0
0022	四月	杨艳芳	飞利浦	W9588	3239.0	29.0
0014	二月	王 杰	三星	Galaxy S5 G9008W	3099.0	15.0
0009	三月	胡小飞	三星	Galaxy S5 (G9006W)	2799.0	23.0
0019	一月	杨艳芳	诺基亚	Lumia 930 (RM-1087)	2699.0	48.0
0006	六月	张 红	海尔手机	HG-N93	2688.0	42.0
0008	二月	胡小飞	海尔手机	HG-N93	2688.0	26.0
0010	四月	胡小飞	海尔手机	HG-N93	2688.0	21.0
0012	六月	胡小飞	SONY爱立信	P990c	2343.0	36.0
0015	三月	王 杰	SONY爱立信	P990c	2343.0	16.0
0018	六月	王 杰	SONY爱立信	P990c	2343.0	28.0
0013	一月	王 杰	诺基亚	Nokia N76	2200.0	23.0
0020	二月	杨艳芳	诺基亚	Lumia 830 (RM-984)	2058.0	18.0
0021	三月	杨艳芳	飞利浦	W8568	1899.0	32.0
0011	五月	胡小飞	海尔手机	HG-K160	1688.0	33.0
0023	五月	杨艳芳	海尔手机	HG-K160	1688.0	13.0
0005	五月	张 红	飞利浦	I928	1599.0	22.0
0016	四月	王 杰	飞利浦	PHILIPS 699	1480.0	25.0
0003	三月	张 红	飞利浦	W6618	1439.0	11.0
0017	五月	王 杰	飞利浦	909k	1419.0	28.0
0002	二月	张 红	诺基亚	XL 4G (RM-1061)	599.0	40.0

图 2-37　产品单价从高到低排序结果

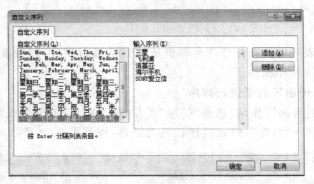

图 2-38　"自定义序列"对话框

产品销售一览表

序号	月份	业务员	产品	型号	单价	数量
0001	一月	张 红	三星	Galaxy S5 (G9008V)	3299.0	22.0
0024	六月	杨艳芳	三星	Galaxy S5 (G9009W)	3299.0	45.0
0014	二月	王 杰	三星	Galaxy S5 G9008W	3099.0	15.0
0009	三月	胡小飞	三星	Galaxy S5 (G9006W)	2799.0	23.0
0022	四月	杨艳芳	飞利浦	W9588	3239.0	29.0
0021	三月	杨艳芳	飞利浦	W8568	1899.0	32.0
0005	五月	张 红	飞利浦	I928	1599.0	22.0
0016	四月	王 杰	飞利浦	PHILIPS 699	1480.0	25.0
0003	三月	张 红	飞利浦	W6618	1439.0	11.0
0017	五月	王 杰	飞利浦	909k	1419.0	28.0
0019	一月	杨艳芳	诺基亚	Lumia 930 (RM-1087)	2699.0	46.0
0013	一月	王 杰	诺基亚	Nokia N76	2200.0	23.0
0020	二月	杨艳芳	诺基亚	Lumia 830 (RM-984)	2058.0	18.0
0002	二月	张 红	诺基亚	XL 4G (RM-1061)	599.0	40.0
0006	六月	张 红	海尔手机	HG-N93	2688.0	42.0
0008	二月	胡小飞	海尔手机	HG-N93	2688.0	26.0
0010	四月	胡小飞	海尔手机	HG-N93	2688.0	21.0
0011	五月	胡小飞	海尔手机	HG-K160	1688.0	33.0
0023	五月	杨艳芳	海尔手机	HG-K160	1688.0	13.0
0004	四月	张 红	SONY爱立信	P1c	3771.0	16.0
0007	一月	胡小飞	SONY爱立信	P1c	3771.0	35.0
0012	六月	胡小飞	SONY爱立信	P990c	2343.0	36.0
0015	三月	王 杰	SONY爱立信	P990c	2343.0	16.0
0018	六月	王 杰	SONY爱立信	P990c	2343.0	28.0

图 2-39　按照自定义产品名称顺序进行排序的结果

任务七 数 据 筛 选

任务描述

通过筛选数据,可以快速地查找和使用单元格区域或工作表中数据的子集。例如,可以通过筛选仅查看所指定的值,像最大值、最小值或重复值。对单元格区域或工作表中的数据进行筛选后,就可以重新应用筛选以获得最新的结果,或者清除筛选结果来重新显示所有数据。

任务分析

在日常工作中,有时需要找出实际感兴趣的数据或某些特定的数据,面对 Excel 工作表中的大量数据,可以借助 Excel 提供的筛选功能,快速便捷地找到所需的数据。

知识点链接

通过筛选工作表中的信息,可以快速查找数值。通过筛选一个或多个数据列,用户可以显示需要的内容,排除其他内容。在筛选数据时,如果一个或多个列中的数值不能满足筛选条件,整行数据都会被隐藏起来。用户可以按数字值或文本值进行筛选,或按单元格颜色筛选那些设置了背景色或文本颜色的单元格。Excel 2010 中的筛选方法有以下三种。

1. 使用自动筛选

自动筛选提供了快速查找工作表中数据的功能,只需要简单操作就能筛选出所需的数据。其操作步骤如下。

(1) 打开需要进行筛选的工作表,单击数据区域中任何一个单元格。单击"数据"→"排序和筛选"→"筛选"按钮 。

(2) 单击列标题中的 按钮,会显示一个"筛选器"选择列表。

(3) 从列表中选择值并进行搜索,这是最快的筛选方法。在启用了筛选功能的列中单击 按钮时,该列中的所有值都会显示在列表中。

(4) 设置筛选的条件。根据需要可以选择按颜色筛选或者数字筛选(筛选内容是文本时会有文本筛选)。也可以直接在搜索文本框中输入要搜索的内容,或者在数据列表中选中和清除用于显示从数据列中找到的值的复选框。

(5) 单击"确定"按钮,即可看到工作表中只显示符合筛选条件的数据。

2. 使用自定义筛选

如果通过一个筛选条件无法获得所需要的筛选结果时,用户可以使用 Excel 的自定义筛选功能。自定义筛选可以设定多个筛选条件,使筛选出的数据更接近预期结果,而且在筛选的过程中具有很大的灵活性。其操作步骤如下。

(1) 打开需要进行筛选操作的工作表,单击数据区域中任何一个单元格。单击"数据"→"排序和筛选"→"筛选" 按钮。

(2) 单击列标题中右侧的下拉按钮,在弹出的菜单中选择"数字筛选"→"自定义筛选"命令,弹出"自定义自动筛选方式"对话框。

(3) 选择一个条件,然后选择或输入其他条件。如果单击"与"按钮组合条件,即筛选结果必须同时满足两个或更多条件;而如果选择"或"按钮时只需要满足多个条件之一即可。

（4）单击"确定"按钮,返回工作表可以看到筛选出满足自定义筛选条件的数据。

3．使用高级筛选

与简单的"自动筛选"相比,Excel 的高级筛选条件则较为复杂。比如,需要满足三个或三个以上筛选条件时就可以使用高级筛选,高级筛选还可以设置公式筛选条件。

要使用高级筛选,首先需要在要进行筛选的工作表中创建一个条件区域。条件即是用户设置的条件式,用来限制数据在工作表中出现的方式。

4．清除筛选

当对筛选出的结果进行相关的操作后,需要回到筛选前工作表的数据,可以清除对特定列的筛选或清除所有筛选。清除筛选的具体操作步骤如下:

（1）清除对列的筛选。在多列单元格区域或工作表中清除对某一列的筛选,单击该列标题上的"筛选"按钮 ⟱ ,在弹出的列表中选择"从'列标题'中清除筛选"命令,即可清除对该列的筛选。

（2）如果要清除工作表中的所有筛选并重新显示所有行。单击"数据"→"排序和筛选"→"清除"按钮。

📖 任务设计

在"自定义筛选"工作表中使用"自定义筛选"筛选出销售金额大于 100 000 的销售记录;在"高级筛选"工作表中运用"高级筛选"功能,筛选出在"产品"列中包含"三星"且"金额"大于 100 000 的数据行。操作步骤如下。

1．使用"自定义筛选"筛选出销售金额大于 100 000 的销售记录

（1）打开"数据筛选"工作表,单击数据区域中任何一个单元格。单击"数据"→"排序和筛选"→"筛选"按钮 ⟱ 。

（2）单击"金额"列标题中的按钮 ▾ ,弹出筛选器选择列表。

（3）设置筛选的条件。在弹出的筛选器选择列表中选择"数字筛选"→"大于"命令。

（4）弹出"自定义自动筛选方式"对话框,在"金额"文本框中选择大于 100 000。

（5）单击"确定"按钮,筛选出销售金额大于 100 000 的销售记录,如图 2-40 所示。

产品销售一览表							
序号 ▾	月份 ▾	业务员 ▾	产品 ▾	型号 ▾	单价 ▾	数量 ▾	金额 ▾
0006	六月	张 红	海尔手机	HG-N93	2688.0	42.0	112896.0
0007	一月	胡小飞	SONY爱立信	P1c	3771.0	35.0	131985.0
0019	一月	杨艳芳	诺基亚	930（RM-	2699.0	46.0	124154.0
0024	六月	杨艳芳	三星	y S5（G9	3299.0	45.0	148455.0

图 2-40 自定义筛选结果

2．根据"高级筛选"工作表中的数据,筛选出在"产品"列中包含"三星"且"金额"大于100 000 的数据行

使用高级筛选的具体操作步骤如下:

（1）打开要进行筛选的工作表,在工作表中的 J2:K3 单元格区域创建一个条件区域,即在该单元格区域中输入筛选条件,如图 2-41 所示。

（2）单击"数据"→"排序和筛选"→"高级"按钮,弹出"高级筛选"对话框。

（3）根据实际需要，在"方式"中选择"在原有区域显示筛选结果"或"将筛选结果复制到其他位置"。这里选中"在原有区域显示筛选结果"单选按钮。

（4）单击"列表区域"右侧的 按钮，选择要进行筛选的数据区域。单击"列表区域"右侧的 按钮，还原"高级筛选"对话框。单击"条件区域"右侧的 按钮，选择已经设置好的条件区域J2:K3。

（5）单击"条件区域"右侧的 按钮，还原"高级筛选"对话框，如图 2-42 所示。

（6）单击"确定"按钮，返回工作表，可以看到高级筛选结果如图 2-43 所示。

产品	金额
三星	>100000

图 2-41　筛选条件区域

图 2-42　"高级筛选"对话框

	A	B	C	D	E	F	G	H
2	序号	月份	业务员	产品	型号	单价	数量	金额
26	0024	六月	杨艳芳	三星	y S5（G9	3299.0	45.0	148455.0

图 2-43　高级筛选结果

任务八　数据分类汇总

任务描述

日常工作中，有时需要在工作表中按照某种需要对满足条件的数据进行汇总，以便于能够方便、直观地看到数据统计结果。

任务分析

将"数据分类汇总"工作表中的数据，创建分类汇总，按月份对产品销售表中产品的数量和金额进行汇总求和。完成分类汇总后，选择删除该汇总，将数据还原。

图 2-44　"分类汇总"对话框

知识点链接

1．创建分类汇总

在分类汇总前需要确保数据区域中需要进行分类汇总计算的每一列的第一个单元格都具有一个标签，每一列包含相同含义的数据，并且该区域不包含任何空白行或空白列。并且在分类汇总前，需要对分类字段进行排序。创建分类汇总的具体操作步骤如下：

（1）打开需要进行分类汇总的工作表，单击数据区域中任意一个单元格。选择"数据"→"排序"，对数据按照"月份"列标题进行自定义序列排序。

（2）单击"数据"→"分类汇总"按钮。

（3）弹出如图 2-44 所示的"分类汇总"对话框，在

"分类字段"下拉列表框中选择已经排序的字段名称"月份"。在"汇总方式"下拉列表框中选择"求和"的汇总方式。在"选定汇总项"列表框中选择要进行汇总的项目"数量"和"金额"。

（4）设置完成后，单击"确定"按钮，即可显示汇总结果，如图 2-45 所示。

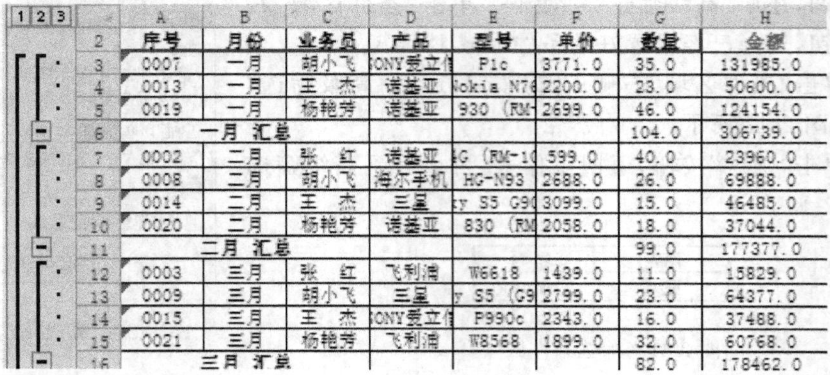

1 2 3		A	B	C	D	E	F	G	H
	2	序号	月份	业务员	产品	型号	单价	数量	金额
	3	0007	一月	胡小飞	SONY爱立信	P1c	3771.0	35.0	131985.0
	4	0013	一月	王 杰	诺基亚	Nokia N76	2200.0	23.0	50600.0
	5	0019	一月	杨艳芳	诺基亚	930（RM-	2699.0	46.0	124154.0
	6		一月 汇总					104.0	306739.0
	7	0002	二月	张 红	诺基亚	G（RM-10	599.0	40.0	23960.0
	8	0008	二月	胡小飞	海尔手机	HG-N93	2688.0	26.0	69888.0
	9	0014	二月	王 杰	三星	y S5 G90	3099.0	15.0	46485.0
	10	0020	二月	杨艳芳	诺基亚	830（RM	2058.0	18.0	37044.0
	11		二月 汇总					99.0	177377.0
	12	0003	三月	张 红	飞利浦	W6618	1439.0	11.0	15829.0
	13	0009	三月	胡小飞	三星	y S5（G9	2799.0	23.0	64377.0
	14	0015	三月	王 杰	SONY爱立信	P990c	2343.0	16.0	37488.0
	15	0021	三月	杨艳芳	飞利浦	W8568	1899.0	32.0	60768.0
	16		三月 汇总					82.0	178462.0

图 2-45　分类汇总结果

2．删除分类汇总

当对工作表进行了分类汇总之后希望返回工作表最初状态，则需要删除已经生成的分类汇总。删除分类汇总的具体操作步骤如下：

（1）单击分类汇总表中数据区域中任一单元格。单击"数据"→"分类汇总"按钮。

（2）弹出"分类汇总"对话框，单击"全部删除"按钮。单击"确定"按钮，即可删除所有分类汇总，将工作表恢复到汇总前的状态。

任务九　数据透视表

任务描述

对于数据量庞大的 Excel 工作表，当用户需要对其中的数据进行多种复杂比较时，可以使用数据透视表来完成。

知识点链接

数据透视表是一种非常有用的数据分析工具，无须借助公式或函数就能够自动汇总和分析数据。与分类汇总以及分级显示通过修改用户表格的结构进而显示对数据的汇总不同，数据透视表是在工作簿里创建新的元素，当用户添加或编辑表格中的数据时，所作出的更改也将在数据透视表上显示。

1．创建数据透视表

制作完用于创建数据透视表的源数据后，就可以使用数据透视表向导创建数据透视表了。具体操作步骤如下：

（1）打开需要创建数据透视表的工作表，单击"插入"→"表格"→"数据透视表"按钮（或者单击"数据透视表"右侧的下拉按钮，再选择"数据透视表"命令），打开"创建数据透视表"对话框。

（2）在"请选择要分析的数据"命令组中，选中"选择一个表或区域"单选按钮，单击"表/区域"文本框右侧的 按钮。

（3）在工作表中选择需要作为创建数据透视表数据的单元格区域，单击 ▣ 按钮返回"创建数据透视表"对话框。

（4）在"选择放置数据表透视表的位置"命令组中选择创建的位置，如"新工作表"。

（5）单击"确定"按钮，即可根据选择的位置在工作表中创建数据透视表。在右侧显示"数据透视表字段列表"窗格。

2．添加和删除数据透视表中的字段

在 Excel 中，创建的默认数据透视表中是没有数据的。可以将"数据透视表字段列表"窗格中的字段添加到数据透视表。"数据透视表字段列表"窗格分为上下两个区域：上方的字段区域显示了数据透视表中可以添加的字段，下方的 4 个布局区域用于排列和组合字段。数据透视表字段列表中的四个区域分别是：

（1）报表筛选：添加字段到报表筛选区可以使该字段包含在数据透视表的筛选区域中，以便对其中独特的数据项进行筛选。

（2）列标签：添加一个字段到列标签区域可以在数据透视表顶部显示来自该字段的独特值。

（3）行标签：添加一个字段到行标签区域可以沿数据透视表左边的整个区域显示来自该字段的独特值。

（4）数值：添加一个字段到数值区域，可以使该字段包含在数据透视表的值区域中，并使用该字段中的值进行指定的计算。

（5）将字段添加到数据透视表的方法有以下几种方法：

① 在字段区域选中字段名称旁边的复选框，字段将按默认位置移动到布局区域的列表框中。

② 右击字段区域的字段名称，在弹出的菜单中选择相应的命令"添加到报表筛选""添加到列标签""添加到行标签""添加到值"。将选择的字段移动到布局区域的某个指定列表框中。

③ 在字段名上单击并按住鼠标左键，将其拖到布局区域的列表框中。

（6）删除字段主要有以下几种方法。

① 直接将字段从布局区域拖动到布局区域外。

② 取消选中字段区域中字段名称左侧的复选框。

③ 在布局区域中单击字段名称，在弹出的菜单中选择"删除字段"命令。

3．改变数据透视表中数据的汇总方式

在 Excel 中，数据透视表字段的汇总方式默认为"求和"，可以根据需要更改汇总方式，以便分析不同的数据结果。具体操作步骤如下：

（1）右击需要改变汇总方式的字段中任一单元格，在弹出的快捷菜单中选择"值字段设置"命令。

（2）弹出"值字段设置"对话框，单击"汇总方式"命令，在列表框中选择新的汇总方式，如选择"最大值"命令。

（3）单击"确定"按钮，即可看到数学的最大值数据。

4. 创建切片器

在 Excel 2010 中,可以选择使用切片器来筛选数据。单击切片器提供的按钮可以筛选数据透视表数据。除了快速筛选之外,切片器还会指示当前筛选状态,从而便于用户轻松、准确地了解已筛选的数据透视表中所显示的内容。

5. 创建数据透视图

数据透视图以图形形式表示数据透视表中的数据,此时数据透视表称为相关联的数据透视表。数据透视图是交互式的,可以对其进行排序或筛选,来显示数据透视表数据的子集。创建数据透视图时,数据透视图筛选器会显示在图表区中,以便对数据透视图中的基本数据进行排序和筛选。在相关联的数据透视表中对字段布局和数据所做的更改,会立即反映在数据透视图中。与标准图表一样,数据透视图报表显示数据系列、类别、数据标记和坐标轴。用户可以更改图表类型及其他命令,如标题、图例位置、数据标签和图表位置。

任务设计

以"数据透视表"工作表中的产品销售数据作为数据源创建数据透视表,以反映不同月份,不同业务员的产品平均销售金额情况,业务员作为行字段,产品作为列字段,月份字段作为筛选字段,并将透视表命名为"平均销售金额透视表";设置产品销售基本信息透视表格式;创建"月份"和"产品"切片器,用以筛选查看不同月份不同产品的产品销售情况;创建产品销售基本信息透视图。操作步骤如下。

1. 创建产品销售基本信息透视表

(1)打开"数据透视表"工作表,单击"插入"→"表格"→"数据透视表"按钮。

(2)打开"创建数据透视表"对话框,在"请选择要分析的数据"命令组中,选中"选择一个表或区域"单选按钮,单击"表/区域"文本框右侧的 按钮。

(3)在工作表中选择作为创建数据透视表数据的单元格区域 A2:H26,单击 按钮返回"创建数据透视表"对话框。在"选择放置数据表透视表的位置"命令组中选择"新工作表"命令,如图 2-46 所示。

(4)单击"确定"按钮,即可根据选择的位置在工作表中创建数据透视表。在右侧显示"数据透视表字段列表"窗格,如图 2-47 所示。

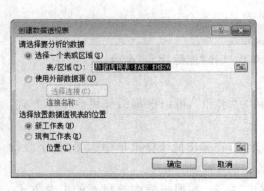

图 2-46　创建数据透视表 1

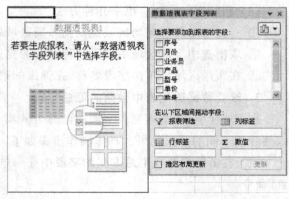

图 2-47　创建数据透视表 2

(5)双击新建的工作表标签,将其重命名为"产品销售基本信息透视表"。

（6）在数据透视表字段列表窗格中，将"产品"字段拖到"列标签"区域，将"业务员"字段添加到"行标签"区域，将"月份"字段添加到"报表筛选"区域，将"金额"字段添加到"数值"区域，并修改"金额"字段的总计方法为求平均值。完成的产品销售基本信息透视表结果如图 2-48 所示。

月份	（全部）					
平均值项:金额	列标签					
行标签	三星	飞利浦	诺基亚	海尔手机	SONY爱立信	总计
胡小飞	64377			60680	108166.5	77125
王　杰	46485	38366	50600		51546	46151.5
杨艳芳	148455	77349.5	80599	21944		81049.33333
张　红	72578	25503.5	23960	112896	60336	53462.83333
总计	82973.75	47073	58939.5	63376	75952.2	64447.16667

图 2-48　产品销售基本信息透视表

2．设置产品销售基本信息透视表格式

（1）单击"数据透视表字段列表"窗格右上角的"关闭"按钮将窗格关闭。

（2）单击透视表中任一单元格，单击"设计"→"数据透视表样式"→"其他"按钮，在弹出的下拉列表框中选择"数据透视表样式中等深浅 7"。

（3）右击数据透视表中代表数据总计的单元格，如 G4，在弹出快捷菜单中选择"数字格式"命令。

（4）弹出"设置单元格格式"对话框，在"分类"列表框中选择"货币"命令，并设置小数点后面保留 2 位有效数字，单击"确定"按钮。格式化处理后的数据透视表如图 2-49 所示。

月份	（全部）					
平均值项:金额	列标签					
行标签	三星	飞利浦	诺基亚	海尔手机	SONY爱立信	总计
胡小飞	¥64,377.00			¥60,680.00	¥108,166.50	¥77,125.00
王　杰	¥46,485.00	¥38,366.00	¥50,600.00		¥51,546.00	¥46,151.50
杨艳芳	¥148,455.00	¥77,349.50	¥80,599.00	¥21,944.00		¥81,049.33
张　红	¥72,578.00	¥25,503.50	¥23,960.00	¥112,896.00	¥60,336.00	¥53,462.83
总计	¥82,973.75	¥47,073.00	¥58,939.50	¥63,376.00	¥75,952.20	¥64,447.17

图 2-49　格式化处理后的数据透视表

3．创建切片器

（1）单击"插入"→"筛选器"→"切片器"按钮，弹出"插入切片器"对话框，选中"月份"复选框，单击"确定"按钮，建立"月份"切片器。

（2）单击"插入"→"筛选器"→"切片器"按钮，弹出"插入切片器"对话框，选中"产品"复选框，单击"确定"按钮，建立"产品"切片器。

（3）单击切片器中的命令，将在透视表中显示符合要求的教师信息。如在"六月"切片器中选择"SONY 爱立信"，将在透视表中显示"六月份SONY 爱立信"产品的销售信息，如图 2-50 所示。

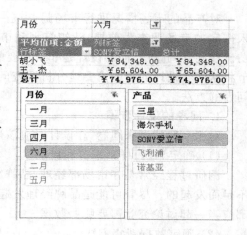

图 2-50　月份和产品切片器

4. 创建产品销售基本信息透视图

（1）单击前面完成的产品销售基本信息透视表中任一单元格，单击"插入"→"图表"，弹出"插入图表"对话框，选择"柱形图"类型中的"三维簇状柱形图"。单击"确定"按钮，在透视表中插入了数据透视图，如图 2-51 所示。

（2）右击创建的数据透视图，在弹出的快捷菜单中选择"移动图表"命令，弹出移动图表对话框。在"对象位于"下拉列表框中选择"Sheet2"命令。

（3）单击"确定"按钮，自动切换到"Sheet2"工作表，拖动图表到合适位置，并将"Sheet2"标签重命名为"产品销售基本信息透视图"。

（4）在"数据透视图筛选"窗格中，单击"月份"下拉按钮，在弹出的下拉列表中先取消选中"全部"复选框，再选中"六月"；单击"业务员"下拉按钮，在弹出的下拉列表中先取消选中"全部"复选框，再选中"胡小飞"和"杨艳芳"。

（5）单击"确定"按钮，将在图表中只显示"六月份胡小飞和杨艳芳"两位业务员的销售的数据，如图 2-52 所示。

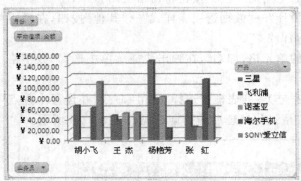

图 2-51　三维簇状柱形透视图

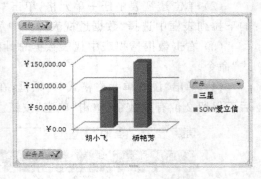

图 2-52　数据筛选透视图

任务十　设计调查问卷

对产品的市场情况进行市场调查，是一项策划前期准备工作的重要组成部分，只有以深入彻底的市场调查为前提，营销策划和市场操作才有章可循，也只有这样才有可能获得成功。在问卷调查中，问卷设计是非常重要的一个环节，甚至决定着市场调查的成功与否。本节将从问卷设计的角度简要地分析调查问卷的设计步骤，以及使用 Excel 工作表设计调查问卷的方法。

1. 问卷的设计步骤

对于一般的调查问卷，在设计时应该遵循以下 9 个步骤。

（1）确定调研目的、来源和局限

调研过程经常是在市场部经理、品牌经理或者新产品开发专家做决策时感到所需信息不足而发起的。尽管可能是品牌经理发起的市场研究，但受这个项目影响的各个部门经理都应当一起讨论究竟需要哪些数据。

（2）确定数据搜集方法

获取数据的方法很多，主要包括人员访问、电话调查、邮寄调查与自我管理访问等。

（3）确定问题的形式

问题的形式主要包括开放式问题、封闭式问题和量表应答式问题等。对开放式问题应答者可以自由地用自己的语言来回答和解释有关的想法，即调研人员不对应答者的选择进行任何限制；封闭式问题需要应答者从一系列应答项中做出选择；量表应答式问题是以量表的形式设置的问题。

（4）确定描述问题的措辞

确定措辞时应注意以下几个方面：用词必须清楚，避免使用诱导性的用语，应考虑应答者回答问题的能力和应答者回答问题的意愿。

（5）确定问题的流程和编排

对问卷不能任意编排，各个部分位置的编排都有一定的逻辑性。有经验的市场调研人员清楚地知道问卷的制作是获取访谈双方联系的关键。联系越紧密，访问者就越有可能得到完整彻底的访谈，同时应答者就会回答的越仔细。

（6）评价问卷和编排

一旦问卷草稿设计好之后，问卷设计人员应该再回过来做一些批评性的评估。考虑到问卷所起的关键作用，这一步是必不可少的。在问卷评估的过程中应该遵守以下原则：问题是否必要、问卷是否太长、问卷是否回答了调研目标所需的信息、邮寄及自填问卷的外观设计、开放式问题是否留足了回答的空间、问卷说明是否使用了明显的字体等。

（7）获得各方面的认可

问卷设计进行到这一步，草稿已经完成。草稿的复印件应当分发到直接有权管理这一项目的各个部门，以得到各个部门经理的认可。

（8）预先测试和修订

当问卷已经获得管理层的最终认可后，还必须进行预先测试。在没有进行预先测试前，不应当进行正式的询问调查。通过预测访问可以寻找问卷中存在的错误解释、不连贯的地方、不正确的跳跃模型，以及为封闭式问题寻找额外的选项和应答者的一般反应等。预先测试也应当以最终访问的形式进行。如果访问是入户调查，预先测试也应当采取入户的方法。在预先测试完成后，任何需要改变的地方应当切实修改。在进行实地调研前应当再一次获得各方的认同。如果预先测试导致问卷产生了较大的改动，则应该进行第二次预先测试。

（9）实施

问卷填写完成后，为从市场上获得所需的决策信息提供了基础。问卷可以根据不同的数据搜集方法并配合一系列的形式和过程以确保可以正确地、高效地、以合理的费用搜集信息。这些过程包括管理者说明、访问员说明、过滤性问题、记录纸和可视辅助材料等。

2．问卷的设计过程

在设计市场调研问卷之前，首先需要搞明白调查的目的，即通过这次调查想要知道哪些消费者的信息。假设现在有一家数码相机专卖店想要了解喜爱数码相机的主要消费者群体，以及受欢迎的品牌等。基于此目的，可以设计出如下的调查问卷。

数码相机消费调查

亲爱的朋友：

您好！我们是数码相机专卖店，为了了解广大相机爱好者对数码相机的消费需求，特做此调查，以便我们提高自己的服务品质，为您提供更满意的服务。您是我们按照科学的方法选到的访问对象,在此耽误一点宝贵的时间,了解一下您对数码相机的看法。谢谢您的支持。

您的资料

性别:男/女

年龄:15 岁以下/16～25 岁/26～35 岁/36～45 岁/46～60 岁/60 岁以下

学历:初中/高中/大学/研究生/研究生以上

职业:

政府公务员/学生/教师/专业技术人/IT 人士/新闻记者/企业管理人员/公司职员/医务人员/军警

/律师/个体经营者/自由职业者/艺术工作者/其他

月收入:1 000 元以下/1 000～2 000 元/2 000～4 000 元/4 000 元以上

您对数码相机的了解程度:

不了解/很了解/有所了解/听说过

如果你有了数码相机,主要用来干什么?

网页制作/家用/采访/其他

你认为造成你购买数码相机的主要障碍是什么?

易用性/价格/了解程度/其他

您用过的数码相机品牌:

柯达/奥林巴斯/富士/柯尼卡/尼康/理光美能达/爱普生/东芝/索尼/三星/其他/没用过

如果您即将购买数码相机,主要会考虑哪些因素?

解像度/色彩/镜头/光圈/快门速度/传输速度/外形/价格/品牌/易用性/其他

您准备何时购买数码相机?

半年内/一年内/3 年内/5 年内/没决定/不想买

3. 设计市场调研问卷

在设计市场调研问卷时要用到"插入"和"文本"工具栏。一般情况下这两个工具栏都是隐藏的,因此首先应该将它们打开。

单击"插入">"文本">"文本框"菜单项调出【文本框】工具栏,如图 2-53 所示。再用相同的方法打开"文本框"工具栏,如图 2-54 所示。

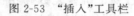

图 2-53 "插入"工具栏   图 2-54 "文本框"工具栏

下面开始设计该市场调研问卷,具体的操作步骤如下:

(1)编辑开场白。打开一个工作表,单击"文本"工具栏中的"文本框"按钮 。当鼠标变为十字形状时在工作表中的合适位置拖动鼠标选定文本框的大小,释放鼠标后文本框的边框会呈阴影状,如图 2-55 所示。

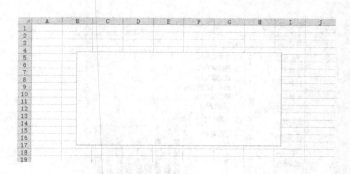

图 2-55　添加空白文本框

（2）向文本框中录入文本，将调研问卷的开场白输入文本框中，并调整文本内容的位置，如图 2-56 所示。

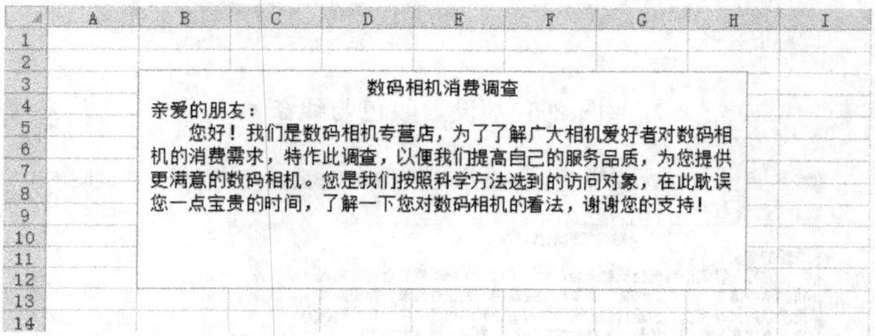

图 2-56　录入开场白

调整文本框的位置、大小、格式和边框、可以获得一个美观的问卷。如果文本框的大小不合适，则可单击文本框使其处于激活状态，然后通过鼠标拖动文本框边框周围的控制点可以进行水平、垂直以及斜对角方向的调整。

（3）设置文本颜色。选中文本区域，然后将其"字体颜色"设置为"黑色"。

如果是对文本的内容进行整体设置、也可以在文本框的边框上单击鼠标右键，在弹出的快捷幕单中选择"设置形状格式"菜单项打开"设置形状格式"对话框，切换到"字体"选项卡中，然后在该对话框申进行设置即可。

（4）设置文本框的边框。选中文本框的边框，单击鼠标右键，从弹出的快捷菜单中选择"设置形状格式"菜单项打开"设置形状格式"对话框，切换到选项卡中。然后在"填充"组合框中的"纯色填充"下拉列表中选择"浅黄色"选项，对于线条的颜色及虚实的设置如图 2-57 所示，效果如图 2-58 所示。

（5）编辑单选题。单击"开发工具"工具栏中的"插入""分组框"按钮，当鼠标变为"＋"形状时在工作表的合适位置拖动鼠标确定分组框的大小，然后释放鼠标，工作表中就会添加一个矩形分组框，如图 2-59 所示。

为了将各个选择题及选项区与其他题分开，可以利用 Excel 提供的"分组框"按钮将每道题都隔开，以便于分别对单选题和多选题进行编辑。

（6）编辑分组框。在分组框上将标题改为"性别："，这样分组框的编辑就完成了。如果对分组框的大小和位置不满意，则可拖动鼠标进行调整。效果如图 2-60 所示。

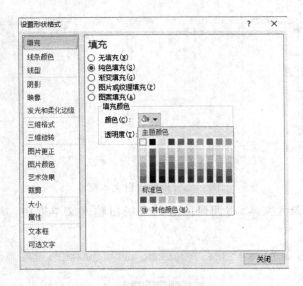

图 2-57　设置颜色与线条

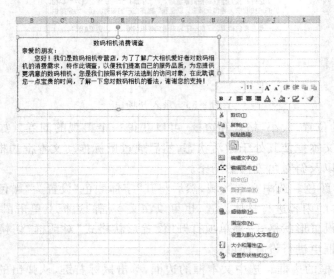

图 2-58　开场白的最终效果

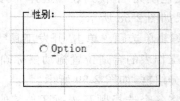

图 2-59　添加分组框　　　　　　　图 2-60　编辑分组框

　　（7）添加并编辑单选按钮。单击"插入"工具栏中"选项按钮"，拖动鼠标确定选项的大小，然后释放鼠标左键即会显示设定大小的单选按钮，如图 2-61 所示。选中选项后面的"按钮1"字样,将其更改为符合题目的选项"男",然后用相同的方法插入另一个选项"女",如图2-62所示。

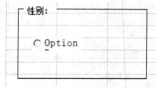
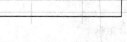

图2-61 添加单选按钮

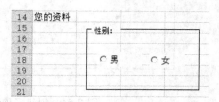

图2-62 编辑单选按钮

如果对两个单选题的选项的位置或大小不满意,则可将其选中,然后通过方向键进行调整。选项按钮的选中方法与通常的选中方法不同,不能用左键单击,而是需要单击鼠标右键将其选中,同时会弹出一个快捷菜单,然后单击选项边框,菜单则会取消,这时就可以拖动边框或者使用方向键调整位置。如果单击鼠标左键,就只能对选项进行选择,也就是相应的选择按钮被选中,但却不能移动选项的位置。如果要精确地调整选项的大小,则可单击鼠标右键,在弹出的快捷菜单中选择"设置控件格式"菜单项打开"设置控件格式"对话框,然后切换到"大小"选项卡中,如图2-63所示。

在该对话框中,将两个选项的"高度"与"宽度"设置为相同的值即可。

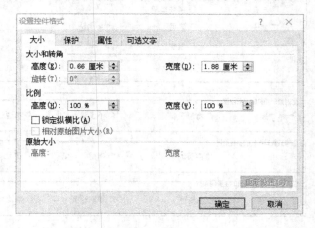

图2-63 "大小"选项卡

(8)编辑多项选择题。与单选题相同,多选题也可利用分组框将各题隔开。单击"开发工具"工具栏中的"插入">"分组框"按钮,在工作表的合适位置拖动,大小合适后释放鼠标,然后选中标题将其更改为本例的调查题目,如图2-64所示。

(9)单击"开发工具"工具栏中的"插入">ActiveX按钮,然后在"分组框"中拖动鼠标确定复选框的大小,满意后释放鼠标,此时分组框中就会显示一个大小合适的复选框。选中复选框后面的文字,将其更改为问卷中的备选答案。用同样的方法插入其他的选项,并调整选项的位置和大小,调整的方法与选项按钮的调整方法相同。调整后的效果如图2-65所示。

(10)利用上述方法,编辑其他的单项选择题和多项选择题。编辑完成后调整各题之间的距离和位置,效果如图2-66所示。

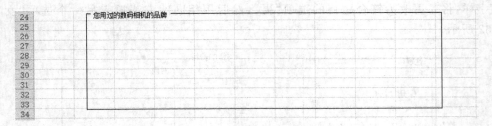

图 2-64　创建多项选择题分组框

图 2-65　编辑的多项选择题

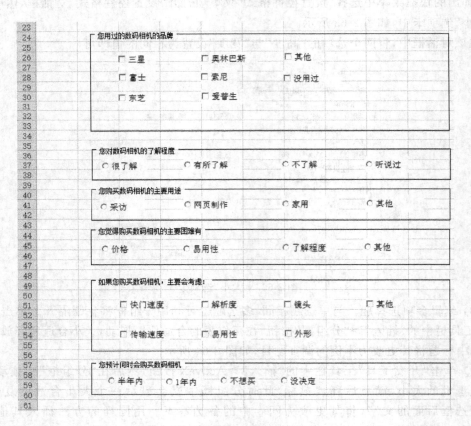

图 2-66　编辑后的单选题和多选题

（11）输入备用选项。切换到工作表 Sheet2 中，将其重命名为"备用选项"，然后输入相关的项目，如图 2-67 所示。

	A	B	C	D	E	F	G	H
1	年龄		学历		月收入		职务	
2	15岁以下		小学		3000元以下		学生	
3	16至25岁		初中		3000元至5000元		教育工作者	
4	26至35岁		高中		5000元至10000元		IT工作者	
5	36至45岁		大学		10000元以上		企业员工	
6	45岁以上		研究生				企业管理者	
7			研究生以上				公务员	
8							个体经营者	
9							艺术工作者	
10							自由职业	
11							其他	
12								
13								

图 2-67 备用选项

（12）插入组合框。在调研问卷的设计界面中，单击"开发工具"工具栏中的"插入"＞"组合框"按钮，在工作表中的适当位置拖动鼠标设定组合框的大小，然后释放鼠标，工作表中相应的位置就会显示空白组合框，如图 2-68 所示。

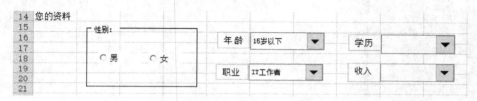

图 2-68 添加组合框

（13）连接备用选项。用鼠标右键单击"年龄"组合框，在弹出的快捷菜单中选择"设置控件格式"菜单项打开"设置控件格式"对话框，切换到"控制"选项卡中。单击"数据源区域"文本框右侧的"折叠"按钮 ，选择工作表"备用选项"中的单元格区域"c2：c7"，接下来单击"展开折叠"按钮返回"设置控件格式"对话框中，如图 2-69 所示。然后单击"确定"按钮即可完成选项的引用。这时单击"年龄"文本框右侧的下箭头按钮，即可显示设定的备用选项，如图 2-70 所示。

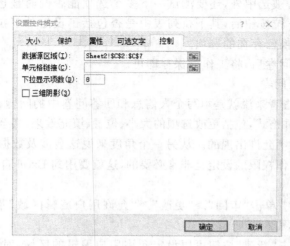

图 2-69 "控制"选项卡

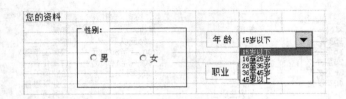

图 2-70　"年龄"的下拉选项

（14）设置三维阴影效果。只要在图 2-71 中选中"三维阴影"复选框，然后单击按钮即可。

图 2-71　设置三维效果

（15）用同样的方法设置组合框，市场调查问卷的最终效果如图 2-72 所示。

调研问卷制作完成后，为了保证每一道题目被访者都能正确无误地进行填写，接下来需要对问卷中的各种题目进行试填。试填的目的是：对于单选题，试填主要是为了测试一下单选按钮能否被选中以及另一个被选中，而已经被选中的单选按钮能否恢复空状态；对于多选题，除了测试一下能否被选中外，还要测试一下多个选项能否同时被选中；对于下拉选项的题目，主要是看单击下拉按钮后，其下拉列表中是否包括了设定的下拉选项，以及能否选择其中的一个选项以替换已存在的选项。

成功地试填调研问卷后，将工作簿保存即可。

4. 保护市场调查问卷

调查问卷对被调查者来说就是填写个人信息和回答问卷中的问题，进行其他的操作是不允许的。例如更改控件格式，包括更改选项的大小、位置、填充效果，甚至对调研问卷问题的修改等，这些情况是绝对不允许出现的。从另一个角度来说这会涉及数据的安全性问题。由此可知，对调研问卷的操作权限的设定是非常必要的，这就要用到 Excel 自带的保护功能。

（1）保护工作表

在当前的工作表中单击"审阅"＞"更改"＞"允许用户编辑区域"菜单项打开"允许用户编辑区域"对话框，如图 2-73 所示。

在该对话框中单击"新建"按钮可以设定允许用户编辑的区域，对允许编辑的单元格进行区域选定，并且可以进一步设定允许的用户及对应的权限。

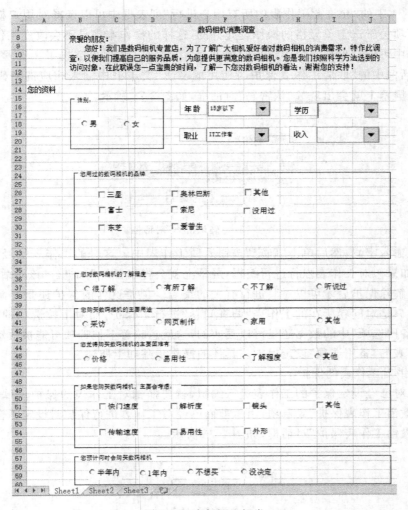

图 2-72 市场调查问卷

本例中涉及的问题都是选择性质的客观题,因此不存在允许用户编辑的区域。为此可以直接单击"保护工作表"按钮打开"保护工作表"对话框,如图 2-74 所示。

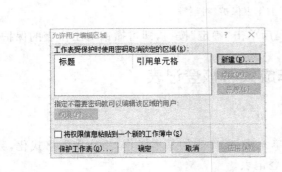

图 2-73 "允许用户编辑区域"对话框

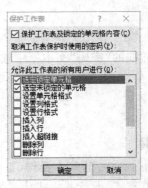

图 2-74 "保护工作表"对话框

在图 2-74 中的"允许此工作表的所有用户进行"列表框中可以选择对用户权限的设定。默认的前两项关于选定单元格的操作是允许的,这样的操作本来是不会改变工作表的,但是考虑到问卷中可能会出现一个不相干的黑方框,因此将这两项也空选了。设置好用户权限后,在该对话框中的"取消工作表保护时使用的密码"文本框中输入相应的密码,然后单击"确定"按钮屏幕上就会出现"确认密码"对话框,如图 2-75 所示。

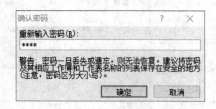

图 2-75 "确认密码"对话框

再一次输入密码,然后单击"确定"按钮返回工作表中。这时的工作表已经处于被保护状态,此时如果想对工作表强行进行编辑,屏幕上就会弹出警告对话框。该对话框会提醒只有对工作表解除保护后才可以对其进行有关的编辑。但是这样的保护还是有漏洞的,因为上面的操作只是对问卷所在的工作表"调查问卷"进行了保护,而对下拉选项的数据源所在的工作表"备用选项"中的数据还是可以更改的,这就意味着下拉选项可能被改动,因此有必要再对工作表的"备用选项"设定保护。具体的操作步骤如上所述。

(2)撤销对工作表的保护

如果要对已经设定保护的工作表进行编辑,就要撤销对工作表的保护。单击"工具">"保护">"撤销工作表保护"菜单项,由于前面已经对工作表进行保护时设定了密码,所以此时将弹出"撤销工作表保护"对话框,如图 2-76 所示。

图 2-76 "撤销工作表保护"对话框

在该对话框的"密码"文本框中输入密码后单击"确定"按钮,即可撤销对工作表的保护。

实训一 制作成绩考核登记表

 实训目的

使用 Excel 2010 的基本操作(工作簿、单元格、工作表的基本操作,工作表的格式化,数据的输入与填充等)设计并格式化成绩考核登记表。

实训内容

(1) 新建一个工作簿，在“Sheet1”工作表制作如图 2-77 所示的成绩考核登记表。将“Sheet1”工作表重命名为“成绩考试登记表”，并将工作簿保存为：实训 2-1 成绩考核登记表。

	A	B	C	D	E	F	G	H	I	J	K	L	M
1	××学院计算机应用基础课程												
2	成绩考核登记表												
3	学号	项目 / 日期 / 考核方式 / 成绩 / 姓名	平时成绩明细						平时成绩总评	期末上机成绩	期末总评成绩	备注	
4			10/03	01/04	06/05	28/05	10/06	22/06					
5			实上训机	实上训机	报实告验	实上训机	实上训机	报实告验					
6		叶晓丽	90	92	98	90	95	96		78			
7		赖小艳	60	60	60	60	76	50		91			
8		邓敏	60	80	80	60	75	75		69			
9		何倩	90	80	80	75	85	60		76			
10		郑辉	60	60	60	60	85	65		88			
11		王志敏	80	80	90	75	90	90		84			
12		李素花	90	90	92	92	90	95		87			
13		刘小荣	90	90	75	75	90	80		69			
14		钟燕清	60	60	60	60	40	45		50			
15		张丽丽	90	85	85	90	40	40		66			
16		吴小清	90	90	70	90	85	75		69			
17		杨玲	70	85	85	60	80	80		82			
18		叶小芬	85	90	80	85	40	70		69			
19		王静屏	60	65	55	60	60	50		83			
20		关春玲	70	60	70	60	45	80		76			
21		何敏灵	60	66	60	65	80	70		84			
22													
23	任课教师(签盖)：________							系负责人(签盖)：________					
24	月　　日											月　　日	

图 2-77 成绩考核登记表

(2) 按图 2-77 所示输入成绩考核登记表的内容。

(3) 将表格的第一行标题“××学院计算机应用基础课程”合并及居中(单元格区域 A1:L1)，字体格式设置为：隶书、18 号、黑色、加粗。

(4) 将表格的第二行标题“成绩考核登记表”合并及居中(单元格区域 A2:L2)，字体格式设置为：黑体、16 号、黑色、加粗。

(5) 在表格的第二行后面插入 2 行，然后输入第三行标题：(2011—2012 学年第 二 学期)；第四行标题：商 务 英 语专业11 级8 班；字体格式设置为：宋体、12 号、黑色。

(6) 将表格的列标题(即第 5 行至第 7 行)加上灰色-25%底纹，字体为：宋体、11 号、黑色。

(7) 将表格除标题行外其他内容对齐方式设置为垂直、水平均居中，行高设置为 16。

(8) 将表格的外边框线设为双实线，内边框线设为细实线。

(9) 使用数据填充在“学号”列输入学生的学号，如 2011040101，2011040102，…2011040116。

(10) 使用公式计算每位学生的平时成绩总评，计算方式为每位学生平时成绩明细之和除以 6，并设置平时成绩总评为整数。

(11) 使用公式计算每痊学生的期末总评成绩，计算公式为：期末总评成绩＝平时成绩总评×30%＋期末上机成绩×70%，并设置期末总评成绩为整数。。

(12) 使用“条件格式”将“期末总评成绩”高于 85 分(包括 85 分)的标为蓝色加粗，低于 60 分的标为红色加粗。

实训结果

成绩考核登记表的制作结果如图 2-78 所示。

图 2-78　成绩考核登记表操作结果

实训二　制作学生成绩统计表

实训目的

使用 Excel 2010 提供的公式和丰富的函数对学生成绩表进行统计。

实训内容

（1）打开"学生成绩统计表"工作簿，其 Sheet1 工作表内容如图 2-79 所示。

图 2-79　学生成绩统计表

（2）使用函数计算每位学生的总分。

(3) 使用函数计算每门课程的平均分、最高分、最低分、及格人数和及格率。

(4) 根据每位学生的总分计算其排名(提示:使用 RANK 函数)。

(5) 设置计算后的平均分小数点保留 2 位,及格率用百分比表示。

(6) 根据学生的总分统计等级,如果总分≥425 分,则等级为优秀;400≤总分<425,则等级为良好;300≤总分<400,则等级为合格;总分<300,则等级为不合格(提示:使用 IF 函数)。

(7) 使用频率分布统计函数统计不同分数段:总分≥425 分,400≤总分<425,300≤总分<400,总分<300 分别有多少人?(提示:使用 FREQUENCY 函数,且显示计算结果时需要同时按"Ctrl+Shift+Enter"组合键)。

(8) 产生 12 个介于[100,150]间的随机整数(提示:使用 RAND 函数)。

实训结果

学生成绩表的统计结果如图 2-80 所示。

	A	B	C	D	E	F	G	H	I	J	K	L	M	N
1	2011级XX班成绩表													
2	成绩 学科 学号	姓名	性别	大学心理学	高等数学	大学英语	计算机应用基础	思想道德修养	总分	名次	等级	分段点	统计不同分数段人数	产生12个随机数
3	2011050201	张三	男	75	75	65	97	88	400	5	良好	299	2	105
4	2011050202	李四	男	92	58	76	84	66	376	8	合格	399	5	142
5	2011050203	王五	女	64	46	90	35	38	273	12	不合格	425	3	124
6	2011050204	叶小飞	男	78	74	65	70	85	372	10	合格		2	126
7	2011050205	张晋晋	男	90	84	88	80	90	432	2	优秀			123
8	2011050206	刘欣然	女	73	68	82	64	88	375	9	合格			104
9	2011050207	林子涵	男	60	56	52	60	49	277	11	不合格			103
10	2011050208	杨亲敬	女	78	91	54	87	96	406	4	良好			134
11	2011050209	王菊	男	68	68	75	88	79	378	7	合格			113
12	2011050210	陈小平	女	76	65	74	86	82	383	6	合格			112
13	2011050211	林露露	女	85	80	78	92	85	420	3	良好			127
14	2011050212	邓锋	男	90	92	89	95	90	456	1	优秀			144
15	数据统计	平均分:		77.42	71.42	74.00	78.17	78.00						
16		最高分:		92	92	90	97	96						
17		最低分:		60	46	52	35	38						
18		及格人数:		12	9	10	11	10						
19		及格率:		100%	75%	83%	92%	83%						

图 2-80 学生成绩表统计结果

实训三 图表的绘制与编辑

实训目的

为"学生成绩图表"工作簿数据创建"学生成绩图表",以便于更直观地分析学生成绩,并对图表布局及格式进行设置。

实训内容

(1) 打开"学生成绩图表"工作簿,选择 A2:H20 单元格区域,单击"插入"→"图表"→"柱形图"按钮,在弹出的菜单中选择"三维簇状柱形图",在学生成绩表中插入图表,如图 2-81 所示。

(2) 单击嵌入图表中的任意位置以将其激活,单击"设计"→"位置"→"移动图表"按钮。

(3) 在弹出的"移动图表"对话框中,选中"对象位于"单选按钮,在其下拉列表框中选择"Sheet2",如图 2-82 所示。

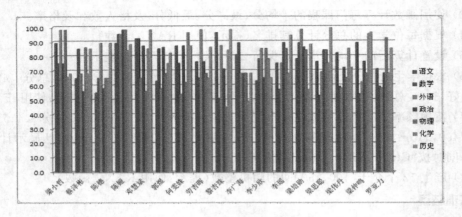

图 2-81　学生成绩三维簇状柱形图

图 2-82　移动图表对话框

（4）单击"确定"按钮，将此图表移动到"Sheet2"工作表中。双击"Sheet2"标签，将其重命名为"学生成绩图表"。

（5）在"学生成绩图表"工作表中选择图表，单击"布局"→"标签"→"图表标题"按钮。

（6）在下拉菜单中选择"图表上方"命令。将文本框中的文字更改为"学生成绩图表"。

（7）单击"布局"→"标签"→"坐标轴标题"按钮，在下拉菜单中选择"主要纵坐标轴标题"→"竖排标题"命令。将文本框中的文字更改为"学生成绩"。

（8）单击"布局"→"标签"→"图例"按钮，在弹出的菜单中选择"在底部显示图例"命令，将图表的图例放置在图表的下方。

（9）单击选中"水平（类别）轴"，单击右键，在弹出的菜单中选择"设置坐标轴格式"命令。

（10）弹出"设置坐标轴格式"对话框，选择"对齐方式"，单击"文字方向"文本框右侧下拉按钮，选择"堆积"命令，单击"关闭"按钮。

（11）选中图表，单击"格式"→"形状样式"→"其他"按钮，在弹出的下拉列表框中选择"细微效果-强调颜色 3"命令，设置图表的背景样式，如图 2-83 所示。

（12）单击"格式"→"艺术字样式"→"其他"按钮，在弹出的下拉列表框中选择"渐变填充-强调文字颜色 6，内部阴影"命令，设置图表背景样式。通过布局和格式设置，"学生成绩图表"效果如图 2-83 所示。

实训结果

"学生成绩图表"的制作编辑结果如图 2-83 所示。

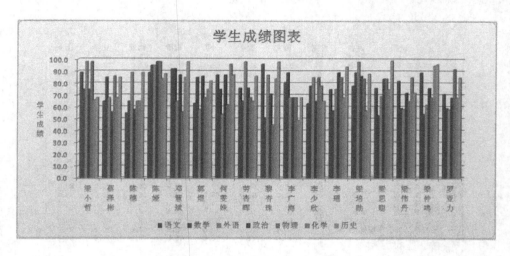

图 2-83　美化后的学生成绩图表

实训四　统计学生成绩表

实训目的

使用 Excel 2010 的数据管理功能，对学生成绩表进行统计。

实训内容

打开"统计学生成绩表"工作簿，Sheet1 工作表的数据如图 2-56 所示。

（1）将 Sheet1 工作表的数据复制 5 份，依次重命名为排序、分类汇总、高级筛选、数据库函数、数据透视表、数据有效性。

（2）将"排序"工作表中的数据，按"姓名"对学生成绩表进行升序排序。

（3）将"分类汇总"工作表中的数据，按"班级"对学生成绩表中的各科成绩进行汇总求平均值。

（4）根据"高级筛选"工作表中的数据，筛选出"语文""数学"和"外语"三科成绩都大于或等于 80 分的数据行。

（5）在"数据库函数"工作表中，使用数据库函数统计出不同班级的人数，以及不同班级的最高数学成绩。

（6）以"数据透视表"工作表作为数据源创建数据透视表，以反映不同班级、男女生的语文、数学、外语三科的平均成绩，保留一位有效数字，"性别"作为行字段，"班级"作为筛选字段，删除总计项，并将透视表命名为"班级男女生平均成绩透视表"。

（7）在"数据有效性"工作表中，使用"数据有效性"对数据清单自定义输入序列，实现当用户选中"班级"列的任一单元格时，在其右侧显示一个下拉列表框箭头，并提供"高二 1 班""高二 2 班"和"高二 3 班"等选择项供用户选择。

实训结果

分类汇总的结果如图 2-84 所示。

高级筛选的结果如图 2-85 所示。

1 2 3		A	B	C	D	E	F	G	H	I	J
	1						学生成绩表				
	2	班级	姓名	性别	语文	数学	外语	政治	物理	化学	历史
	3	高二1班	梁小哲	男	89.0	75.0	98.0	75.0	98.0	66.0	68.0
	4	高二1班	郭煜	男	63.0	85.0	58.0	86.0	68.0	75.0	82.0
	5	高二1班	蔡杏珠	女	96.0	51.0	87.0	71.0	45.0	84.0	98.0
	6	高二1班	李少欣	男	63.0	78.0	85.0	65.0	85.0	78.0	65.0
	7	高二1班	梁思聪	男	76.0	53.0	69.0	84.0	84.0	75.0	99.0
	8	高二1班	罗亚力	男	71.0	59.0	58.0	68.0	92.0	68.0	85.0
	9	高二1班 平均值			76.3	66.8	75.8	74.8	78.7	74.3	82.8
	10	高二2班	蔡泽彬	男	65.0	85.0	68.0	56.0	86.0	68.0	85.0
	11	高二2班	陈娅	女	89.0	95.0	95.0	98.0	98.0	84.0	88.0
	12	高二2班	劳杏晖	男	76.0	65.0	90.0	76.0	68.0	65.0	86.0
	13	高二2班	李广海	男	81.0	89.0	68.0	68.0	68.0	49.0	68.0
	14	高二2班	李庆波	男	59.0	59.0	76.0	62.0	87.0	43.0	78.0
	15	高二2班	李瑶	女	75.0	57.0	75.0	89.0	85.0	68.0	94.0
	16	高二2班	梁伟丹	男	82.0	59.0	58.0	72.0	65.0	85.0	72.0
	17	高二2班 平均值			75.3	72.7	76.9	74.4	79.6	66.0	81.6
	18	高二3班	陈穗	男	55.0	65.0	89.0	58.0	65.0	65.0	89.0
	19	高二3班	邓慧斌	男	92.0	92.0	65.0	87.0	56.0	85.0	98.0
	20	高二3班	何雯姝	女	87.0	75.0	54.0	87.0	62.0	96.0	87.0
	21	高二3班	梁培勋	男	78.0	89.0	98.0	86.0	84.0	57.0	88.0
	22	高二3班	梁仲鸣	男	89.0	54.0	62.0	76.0	68.0	95.0	96.0
	23	高二3班 平均值			80.2	75.0	73.6	78.8	67.0	79.6	91.6
	24	总计平均值			77.0	71.4	75.6	75.8	75.8	72.6	84.8
	25										

图 2-84 分类汇总的结果

班级	姓名	性别	语文	数学	外语	政治	物理	化学	历史
高二2班	陈娅	女	89.0	95.0	95.0	98.0	98.0	84.0	88.0

图 2-85 高级筛选的结果

数据库函数的统计结果如图 2-86 所示。

数据透视表的结果如图 2-87 所示。

数据有效性的结果如图 2-88 所示。

	班级	班级	班级
	高二1班	高二2班	高二3班
人数:	6	7	5
数学最高分:	85	95	92

图 2-86 数据库函数的统计结果

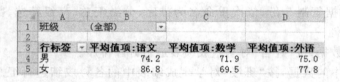

图 2-87 数据透视表的结果

图 2-88 数据有效性的结果

第三章 演示文稿制作 PowerPoint 2010

- 熟练掌握演示文稿的多媒体添加操作。
- 熟练掌握美化幻灯片的方法。
- 掌握幻灯片的放映设置。
- 了解演示文稿的共享和安全。

任务一 多媒体添加

知识链接

1. 文本

文本是幻灯片中用来描述信息的最基本元素。一般来说,在幻灯片中,文本不会单独地出现在幻灯片中,而是要放在某个对象中。这些放在文本内容的容器可以是文本框、艺术字、页眉和页脚、日期和时间、幻灯片编号、形状等对象。

2. 图像

图像包括了图片、剪贴画和屏幕截图。图片是指保存在计算机中的图片格式文件,如.jpg、.bmp、.png 和.gif 等。剪贴画是 PowerPoint 2010 提供的内置在程序里的图像。屏幕截图是 PowerPoint 2010 的一个新功能,用户可以将当前计算机系统中正在运行的应用程序的窗口,或屏幕上的任意矩形以图片的方式添加到幻灯片中。

3. 插图

PowerPoint 2010 版本中除了提供形状和图表作为插图外,还新增了 SmartArt 插图。形状为用户提供了绘制图形的基本几何体;图表为用户以图的形式展示数据信息;Smart-Art 图形是信息和观点的视觉表示形式,可以通过从多种不同布局中进行选择来创建 SmartArt 图形,从而快速、轻松、有效地传达信息。

4. 表格

用户可以用表格展示数据,使数据易读、易理解。在幻灯片中添加表格共有 4 种方法:在 PowerPoint 中创建表格以及设置表格格式;从 Word 中复制和粘贴表格;从 Excel 中复制和粘贴一组单元格;还可以在 PowerPoint 中插入 Excel 电子表格。

5. 符号

一般的符号可以通过键盘直接输入到演示文稿中,但是有些符号就不能通过输入法进行输入,如符号"☏",此时则需要使用到 PowerPoint 2010 提供的插入特殊符号功能。除了插入特殊符号,PowerPoint 2010 还为用户提供了数学公式的输入。插入数据公式方法:切换至"插入"选项卡,在符号组中选择"公式"图标"π",则会在幻灯片中自动添加一个公式对象,用户可以通过"公式工具"分类下的"设计"选项卡的功能区来输入数学公式,如图 3-1 所示。

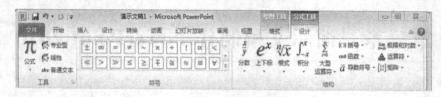

图 3-1　公式工具"设计"选项卡功能区

6. 链接

放映演示文稿时,用户希望能使用如"下一页""返回"等按钮或展示其他外部文件,可以使用演示文稿中的链接功能。在 PowerPoint 中,链接有超链接和动作两种。超链接和动作可以是从一张幻灯片到同一演示文稿中另一张幻灯片的连接,也可以是从一张幻灯片到不同演示文稿中另一张幻灯片、电子邮件地址、网页或文件的连接。超链接为用户提供了一个单击动作,而动作为用户提供了"鼠标单击"和"鼠标移过"两个动作。

7. 对象

使用对象可以向演示文稿添加通过其他应用程序编辑的文档,如 Excel、Word、数学公式和 Openoffice 的文档等。向幻灯片添加对象的方法:切换至"插入"选项卡,在文本命令组中单击插入对象图标"🖻",弹出"插入对象"对话框,如图 3-2 所示,然后在"对象类型"中选择要创建的新对象。

图 3-2　"插入对象"对话框

任务设计

1. 编辑文本

在 PowerPoint 2010 中,单击"插入"选项卡,在文本命令组中包括了文本框、页脚和页眉、艺术字、日期和时间以及幻灯片编号等功能图标。下面介绍为"产品介绍"演示文稿添加文本框和艺术字,艺术字内容为"青花瓷"。

(1) 添加文本框

在创建演示文稿的第 1 张幻灯片中可以添加标题和副标题,是因为那幻灯片应用了"标

题幻灯片"版式,版式中有文本框占位符。在演示文稿中添加文本的具体操作步骤如下:

①　选定幻灯片。在"普通视图"下的幻灯片预览区中选定第 1 张幻灯片。

②　插入新幻灯片。单击"开始"选项卡,在"幻灯片"命令组中,单击"新建幻灯片"按钮旁边的下拉箭头,选择"空白"的幻灯片版式,如图 3-3 所示。

③　插入文本框。选定空白的幻灯片,然后单击"插入"选项卡,在"文本"组中,单击"文本框"旁边的箭头,在下拉菜单中选择"横排文本框"命令。在空白幻灯片中按下鼠标左键,然后拖动鼠标绘制文本框,最后释放鼠标左键。

④　设置文本格式。设置文本格式的方法如同 Word、Excel 的方法,使用"开始"选项卡下的"字体"和"段落"组里的功能,可以设置文本的字体、字形、字号、颜色、对齐方式等格式。

（2）插入艺术字

①　选择艺术字样式。单击"插入"选项卡,在"文本"命令组中单击"艺术字"按钮,在弹出的"艺术字样式"库中选择所需的艺术字样式,此处选择"填充-白色,轮廓-强调文字颜色 1"样式。

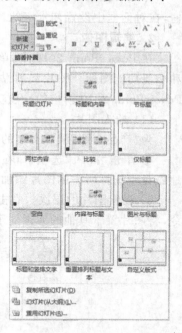

图 3-3　插入新幻灯片

②　添加文本。在编辑区中的艺术字文本框中输入"青花瓷",并在"开始"选项卡中将其字体设置为"隶书",字号设置为 44 号。

③　设置艺术字格式。单击"格式"选项卡,在"艺术字样式"组中,单击"文本效果"按钮,选择"映像"命令,在弹出的列表框中单击"紧密映像,接触"按钮,如图 3-4 所示。在"艺术字样式"栏中还可以设置"文本填充"和"文本轮廓",从而设置艺术字的轮廓和填充颜色。

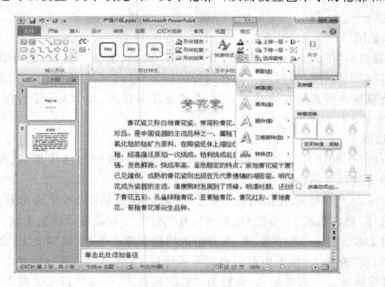

图 3-4　设置艺术字文本

　　详细的设置可以单击"艺术字样式"组底部的"■"按钮,弹出"设置文本效果格式"对话框,在对话框中设置艺术字的颜色、边框、效果等样式。

2.编辑图像

　　在 PowerPoint 2010 中,单击"插入"选项卡,在图像组中包括了图片、剪贴画、屏幕截图和相册功能图标。图片和剪贴画的编辑方法与 Word 2010 的方法相似,屏幕截图功能是PowerPoint 2010 新增的一项功能。下面主要介绍图片编辑和屏幕截图功能的使用。

　　(1)插入图片

　　为"产品介绍"演示文稿的第 1 张幻灯片添加 1 幅图片,具体操作如下:

　　① 单击"插入"选项卡,在图像组中单击图片图标,在弹出的"插入图片"对话框中从本地磁盘中选择所需的图片添加到幻灯片中,并调整图像大小让其布满整张幻灯片。

　　② 设置图片的层次。右击图片从弹出的快捷菜单中选择"置于底层"→"置于底层"命令,将图片置于其他的元素的下方。所得效果如图 3-5 所示。

图 3-5　编辑图片的效果

　　(2)屏幕截图

　　单击"屏幕截图"按钮时,可以插入一个系统正在运行的程序窗口,也可以使用"屏幕剪辑"工具选择屏幕上的任意矩形框。正在运行的程序窗口会以缩略图的形式显示在"可用视窗"列表中,将鼠标指针悬停在缩略图上时,会弹出工具提示,其中显示了程序名称和文档标题,如图 3-6 所示。

3.编辑插图

　　在 PowerPoint 2010 中,单击"插入"选项卡,在插图组中包括了形状、SmartArt 和图表。下面介绍为演示文稿添加形状。

　　(1)单击"插入"选项卡,在插图组中单击"形状",弹出如图 3-7 所示形状库列表。在形状库列表中选择"星与旗帜"分类的"横卷形",在幻灯片上拖动鼠标绘制形状。

　　(2)添加文本。右击添加的形状,在弹出的快捷菜单中选择"编辑文字"命令,则可在形状中输入文本,在"开始"选项卡中可以对文本的字体、字号等格式进行设置。

　　(3)设置形状样式。双击形状,切换到"格式"选项卡,可以执行此选项卡的功能区中的功能对形状进行轮廓、填充颜色和文本效果等格式的设置。

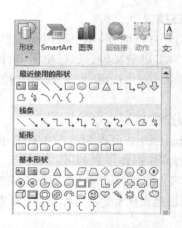

图 3-6　屏幕截图　　　　　　　　　　　图 3-7　形状列表框

4. 编辑表格

在 PowerPoint 中插入表格的操作与在 Word 中插入表格的操作类似。为"产品介绍"演示文稿添加表格,显示清雍正各类瓷器成交价,具体操作方法如下:

(1) 添加幻灯片。新建一张"标题和内容"版式的幻灯片。

(2) 创建表格。在内容文本框中单击"插入表格"按钮"",弹出"插入表格"对话框,在对话框中输入表格的列数为 4,行数为 6。在表格的单元格中填入数据。

(3) 设计表格。双击表格,切换到表格工具"设计"选项卡,可以对表格的样式、表格边框和填充等进行设置。

(4) 设置表格布局。双击表格,切换到表格工具"布局"选项卡,可以对表格的行、列进行添加、删除和合并操作,可以设置表格中文字的对齐方式和表格的尺寸。

经过上述的操作后,得到最终的效果图如图 3-8 所示。

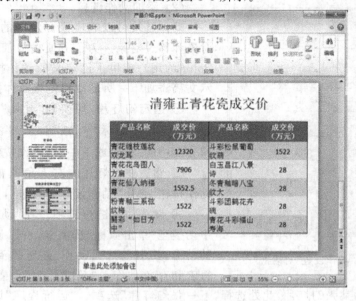

图 3-8　添加表格的效果图

5. 编辑链接

在设计幻灯片的时候,用户通过单击目录来浏览相关内容,可以使用幻灯片中的链接实现,链接的内容可以是文件、网址、电子邮件和演示文稿中其他幻灯片等,链接的类型包括超链接和动作链接。为"产品介绍"演示文稿文字添加超链接,为幻灯片添加下一页的动作链接。

（1）添加超链接

PowerPoint 2010 可以为文本和对象建立超链接,给演示文稿的文本添加超链接,连接到某一文件的具体操作步骤如下:

① 选择第 3 张幻灯片中"美丽的青花瓷"文本内容,然后切换到"插入"选项卡,在"链接"组中单击超链接图标"",弹出"插入超链接"对话框,如图 3-9 所示。

图 3-9 插入超链接

② 在"链接到"列表框中选择"现有文件或网页",并在"查找范围"选择文件的路径,在文件浏览列表中选择所需的文件,然后单击"确定"按钮。

建立超链接后文本内容后在幻灯片上显示自动添加了下划线的格式,在播放此幻灯片时,鼠标移到此文本上方,鼠标指针会变成手的开关,此时单击即可链接到指定的文件。

图 3-10 "动作设置"对话框

（2）添加动作链接

动作链接可以响应鼠标发出的两个动作:单击对象和移过对象。为了方便播放演示文稿,PowerPoint 为用户提供了已定义的动作按钮形状。为演示文稿添加下一页的动作链接具体操作步骤如下。

① 选定幻灯片,切换到"开始"选项卡,在绘图组中单击形状图标""按钮,从列表中选中动作按钮分类中的"前进或下一项"动作按钮。

② 然后在幻灯片的右下角位置绘制"下一项"动作按钮,弹出"动作设置"对话框,如图 3-10 所示。

③ 设置动作链接选项。在"动作设置"对话框中切换至"单击鼠标"选项卡,可以设置单击鼠标时的动作,其中包括无动作、超链接到、运行程序、执行宏和对象动作。"超链接到"设置项表示超链接到演示文稿中的某张幻灯片,此处选择"下一张幻灯片"选项。"运行程序"设置项表示执行

指定的应用程序。对象动作表示执行对象本身拥有的动作,如视频对象拥有"播放"的动作。用户还可以设置动作执行时的声音效果。切换至"鼠标移过"选项卡,设置鼠标移过对象时发生的动作,设置方法相同。

④ 设置动作链接之后,在幻灯片播放时,只要鼠标执行了单击或移过,那么幻灯片就会根据动作的设置执行命令。

6. 浏览演示文稿

切换到"幻灯片浏览"视图下浏览所有幻灯片,如图 3-11 所示,具体操作方法有如下两种。

(1)在普通视图中,单击视图右下角的"视图显示设置区"的"幻灯片浏览"图标"▦"。

(2)在普通视图中,单击"视图"选项卡,在演示文稿视图组中单击"幻灯片浏览"按钮。

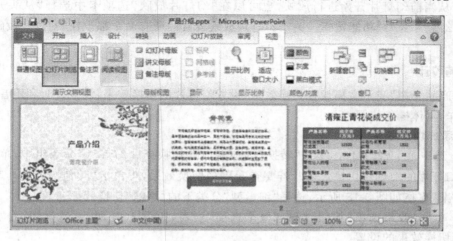

图 3-11　幻灯片浏览视图

任务二　幻灯片放映

任务描述

制作演示文稿的目的就是在观众面前展示,演示文稿是以放映的方式展示的。本任务为演示文稿设置幻灯片切换效果和放映幻灯片。

任务分析

PowerPoint 2010 提供了多种幻灯片放映方式,包括"从头开始""从当前幻灯片开始"和"广播幻灯片"等,还提供了用户自定义放映方式和计时排练。

知识链接

1. 幻灯片切换效果

幻灯片切换效果是在放映幻灯片期间从一张幻灯片移到下一张幻灯片时在"幻灯片放映"视图中出现的动态效果。可以通过设置控制切换效果的速度,添加声音,甚至还可以对切换效果的属性进行自定义。

幻灯片切换效果的所有命令都设置在"转换"选项卡中,如图 3-12 所示。对演示文稿中的每张幻灯片都可以设置切换效果,如果要使所有幻灯片都应用相同的幻灯片切换效果,在"转换"选项卡的"计时"命令组中,单击"全部应用"按钮。

图 3-12 "转换"选项卡

2. 幻灯片放映

为了方便放映演示文稿,在窗口右下角的视图显示设置栏中单击幻灯片放映按钮图标🖵,即可从当前幻灯片开始进行放映,也可以在"幻灯片放映"选项卡中选择"从头开始"或"从当前幻灯片开始"功能按钮。关于幻灯片放映设置的所有命令都设在"幻灯片放映"选项卡中。

任务设计

为"产品介绍"演示文稿设置切换效果,设置幻灯片的切换效果、设置计时和声音等方面进行操作,具体操作步骤如下。

1. 添加切换效果

(1)选中第 1 张幻灯片,单击"转换"选项卡,在"切换到此幻灯片"命令组中,单击要应用于该幻灯片的幻灯片切换效果。若要查看更多切换效果,可单击"其他"按钮"▾"。弹出"切换方案"窗格如图 3-18 所示,选择"细微型"分类下的"擦除"切换效果。

(2)单击"效果选项"按钮,弹出"效果选项"列表,如图 3-13 所示,选择"从右上部"选项,完成切换效果的设置。

2. 设置计时

(1)设置声音

在"转换"选项卡的"计时"命令组中,单击"声音"旁的下拉箭头,然后执行下列操作之一,如图 3-14 所示。

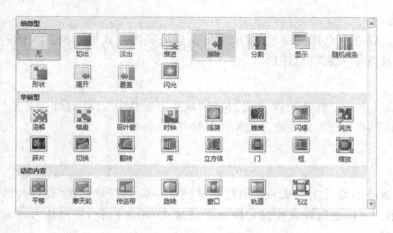

图 3-13 "切换方案"窗格   图 3-14 "效果选项"列表

① 选择列表中所需的声音,如"单击"。

② 若列表中没有所需的声音,可选择"其他声音",找到要添加的声音文件,然后单击"确定"按钮。

（2）设置时间

在"转换"选项卡上"计时"组中的"持续时间"框中,输入切换幻灯片时所需的秒数。如图 3-15 所示。

（3）设置换片方式

指定当前幻灯片在多长时间后切换到下
一张幻灯片,可采用下列步骤之一。

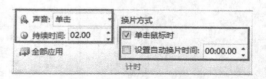

① 若要在单击鼠标时切换幻灯片,在"切
换"选项卡的"计时"组中,选中"单击鼠标时"
复选框,如图 3-15 所示。

图 3-15　设置计时间

② 若要在经过指定时间后自动切换幻灯片,在"切换"选项卡的"计时"命令组中,在时间框中输入所需的秒数。

3. 放映幻灯片

若要在"幻灯片放映"视图中从第一张幻灯片开始查看演示文稿,请在"幻灯片放映"选项卡上的"开始放映幻灯片"命令组中,单击"从头开始"按钮,如图 3-16 所示。

若要在"幻灯片放映"视图中从当前幻灯片开始查看演示文稿,请在"幻灯片放映"选项卡上的"开始放映幻灯片"命令组中,单击"从当前幻灯片开始"按钮。

图 3-16　放映幻灯片

任务三　添加多媒体进入用户的 PPT

任务分析

在 PowerPoint 中,用户可以在幻灯片中插入音乐、声音、视频、视频剪辑、声音剪辑、网络视频和录制声音。

知识链接

在幻灯片上插入音频剪辑时,将显示一个表示音频文件的图标。在放映演示文稿时,可以将音频剪辑设置为在显示幻灯片时自动开始播放、在单击鼠标时开始播放或播放演示文稿中的所有幻灯片,甚至可以循环连续播放媒体直至停止播放。

在 PPT 中能插入的动画和视频、音频格式如下:

（1）动画:swf gif。

（2）视频:avi mpg wmv MP4 avi。

（3）音频:avi mpg wav mid mp3（有的不支持）。

1. 在 PowerPoint 中插入 Flash 影片的方法

为了方便,把需要插入的 Flash 文件和幻灯片演示文稿放在同一个文件夹内。运行 PowerPoint 程序,打开要插入 Flash 的幻灯片。

单击"文件"→"选项",单击调出选项对话框如图 3-17 所示。

在选项对话框中选择"自定义功能区",图 3-18 在右面自定义功能区先选择主选项卡,勾选下面的"开发工具选项",按确认返回。

图 3-17   图 3-18　自定义功能区

确认后,界面出现"开发工具"工具栏,如图 3-19 所示。在开发工具下的控件选区,选择其他控件。调出"其他控件"对话框:

在弹出的"其他控件"对话框中选择"ShockwaveFlash Object"如图 3-20 所示对象(技巧:按 S 键可快速定位到 S 开头的对象名),按确认返回。

图 3-19　开发工具

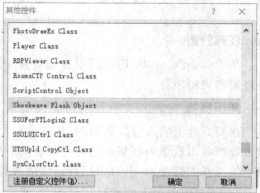

图 3-20　ShockwaveFlash Object

此时鼠标变成十字,如图 3-21 所示,在页面拖拽可以画出插入 Flash 的界面。

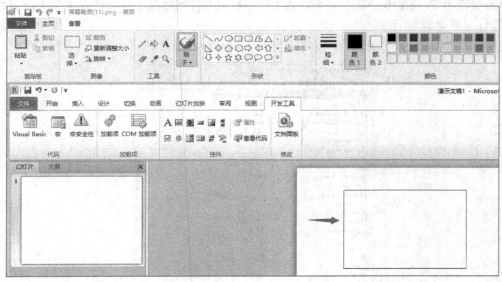

图 3-21 插入 Flash 界面

在控件上单击右键,在弹出的右键菜单上选择"属性"选项,如图 3-22 所示,调出属性面板。

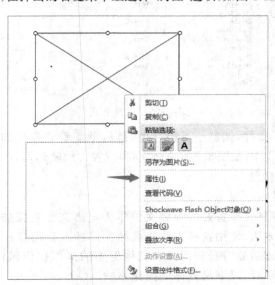

图 3-22 右键菜单"属性"选项

在"属性"面板上,如图 3-23 所示,对以下属性进行调整:

(1) 在"movie"项填上 Flash 文件的文件名,请注意,文件名要包括扩展名。

(2) 注意"Playing"后面是不是 True,一般情况下设为 True,以实现 Flash 自动播放,如果为 False,则在播放第一帧后停止,需手动继续。

(3) 再把"EmbedMovie"后面的项设为 True,这个选项能确保 Flash 完全嵌入 PPT,否则插入的文件可能仅仅是个链接,Flash 文件和 PPT 文件如有一个变动了路径,就无法播放,同样如你只把 PPT 文件发给别人,未把 Flash 文件发走,同样无法播放。EmbedMovie 后面的项设为 True 确保 Flash 完全嵌入 PPT,无上述后顾之忧了。设置完毕后关闭属性面板返回,如图 3-23 所示。

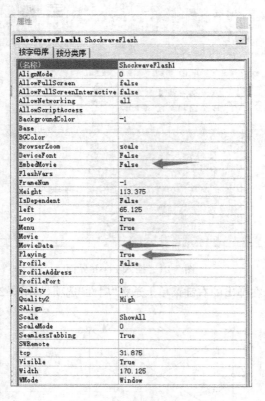

图 3-23 属性面板

此时可以保存一下文件,调整一下控件也可以,就能看到控件的预览图了。到这里,插入 Flash 就完成了。可以随便调整控件的大小和位置。放映幻灯片,Flash 就开始放映了。

2. 在 PPT 中插入视频

(1)直接播放视频

这种播放方法是将事先准备好的视频文件作为电影文件直接插入幻灯片中,该方法是最简单、最直观的一种方法,使用这种方法将视频文件插入到幻灯片中后,PowerPoint 只提供简单的"暂停"和"继续播放"控制,而没有其他更多的操作按钮供选择。因此这种方法特别适合 PowerPoint 初学者,以下是具体的操作步骤:

① 运行 PowerPoint 程序,打开需要插入视频文件的幻灯片,将鼠标移动到菜单栏中,单击其中的"插入"选项,从打开的下拉菜单中执行"插入影片文件",如图 3-24 所示。

图 3-24 "插入"选项

② 在随后弹出的文件选择对话框中,将事先准备好的视频文件选中,如图 3-25 所示,并单击"插入"按钮,这样就能将视频文件插入到幻灯片中了。

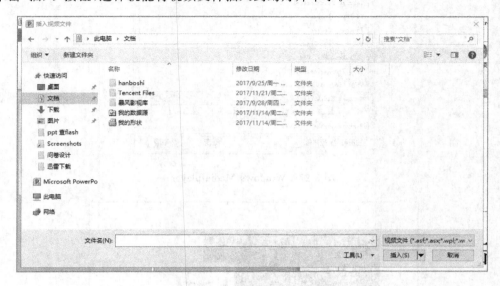

图 3-25 插入视频文件

③ 用鼠标选中视频文件,并将它移动到合适的位置,然后根据屏幕的提示直接点选"播放"按钮来播放视频,或者选中自动播放方式。

④ 在播放过程中,可以将鼠标移动到视频窗口中,单击鼠标一下,视频就能暂停播放。如果想继续播放,再用鼠标单击一下即可。

(2)插入控件播放视频

这种方法就是将视频文件作为控件插入幻灯片中的,然后通过修改控件属性,达到播放视频的目的。使用这种方法,有多种可供选择的操作按钮,播放进程可以完全自己控制,更加方便、灵活。该方法更适合 PowerPoint 课件中图片、文字、视频在同一页面的情况。

① 运行 PowerPoint 程序,打开需要插入视频文件的幻灯片。

② 将鼠标移动到菜单栏,单击其中的"开发工具"选项,从打开的下拉菜单中选中"控件工具箱",再从下级菜单中选中"其他控件"按钮,如图 3-26 所示。

图 3-26 开发工具

③ 在随后打开的控件选项界面中,选择"Windows Media Player"选项,再将鼠标移动到 PowerPoint 的编辑区域中,画出一个合适大小的矩形区域,随后该区域就会自动变为 Windows Media Player 的播放界面,如图 3-27 所示。

④ 用鼠标选中该播放界面,然后单击鼠标右键,从弹出的快捷菜单中选择"属性"命令,打开该媒体播放界面的"属性"窗口,如图 3-28 所示。

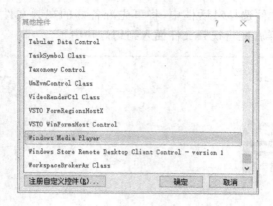

图 3-27　Windows Media player

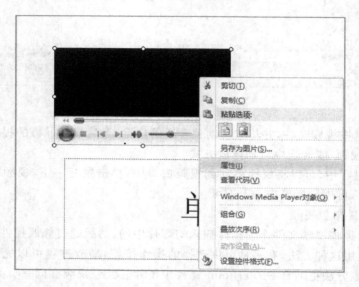

图 3-28　"属性"选项

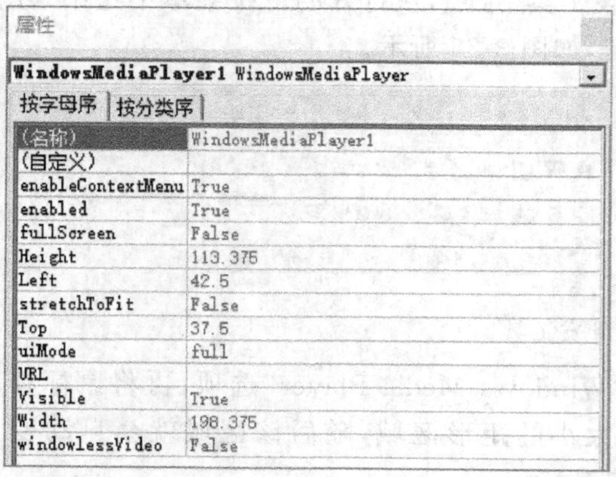

⑤ 在"属性"窗口中,在"File Name"设置项处正确输入需要插入到幻灯片中视频文件的详细路径及文件名。这样在打开幻灯片时,就能通过"播放"控制按钮来播放指定的视频了。

⑥ 为了让插入的视频文件更好地与幻灯片组织在一起,还可以修改"属性"设置界面中控制栏、播放滑块条以及视频属性栏的位置,如图 3-29 所示。

⑦ 在播放过程中,可以通过媒体播放器中的"播放""停止""暂停"和"调节音量"等按钮对视频进行控制。

图 3-29　"属性"设置界面

3. PowerPoint 中插入声音的几种方法

将某段音乐作为整个演示文稿的背景音乐。

如果用 PowerPoint 制作电子相册、画册时，人们不仅要欣赏精美的画面，还希望听到美妙动听的音乐。可以在第一张幻灯片上进行如下操作：

（1）准备好一个音乐文件，可以是 WAV、MID 或 MP3 文件格式。

（2）执行"插入"菜单下的"影片和声音"选项中的"文件中的声音"，插入你选择的声音文件，同时弹出对话框，询问是否在放映幻灯片时自动播放该声音文件，选择"是"。则幻灯片上有一个"喇叭"图标出现，如图 3-30 所示。

图 3-30 插入音频

（3）用鼠标右击该"喇叭"图标，在工具栏中选择"动画"，如图 3-31 所示。

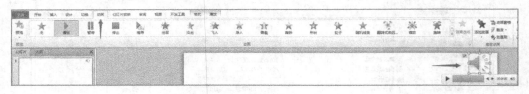

图 3-31 选择"动画"

（4）在"自定义动画"对话框的"多媒体设置"选项卡中，可以选择触发声音文件播放条件、持续时间以及延迟播放，如图 3-32 所示。

4. 在用 PowerPoint 制作课件时加入解说词

如果我们希望在播放到某一张幻灯片时，自动播放该张幻灯片的解说词，可以采用如下的方法：

（1）首先录制好该张幻灯片的解说词，并保存为声音文件 旁白.wav，如图 3-33 所示。

图 3-32 触发声音文件播放条件

图 3-33 录制"旁白"文件

（2）选择你要加入解说词的幻灯片作为当前操作的幻灯片，执行"工具"菜单下的"切换"命令，图 3-34 所示。

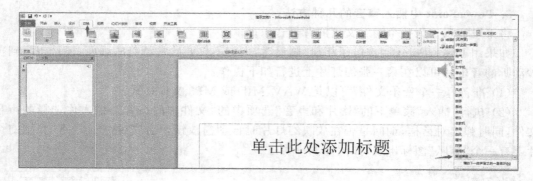

图 3-34 "切换"命令

（3）在弹出的"幻灯片切换"对话框中，进行如下操作：

在"声音"的下拉列表中，选择"其他声音…"，在随后出现的"添加声音"对话框中选择你已录制好的声音文件，单击"确定"，关闭"添加声音"对话框，然后单击"应用"，关闭"幻灯片切换"对话框，如图 3-35 所示。

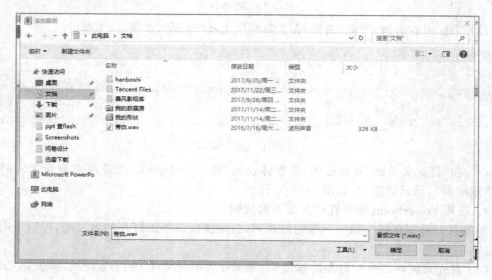

图 3-35 插入音频文件

如果希望演示者自己根据情况决定是否播放声音，可以制作交互按钮来控制声音的播放或停止。这一方法在课件制作中经常使用。具体的操作步骤如下：

图 3-36 添加按钮

① 首先录制好该张幻灯片的解说词，并保存为声音文件。

② 选择你要加入解说词的幻灯片作为当前操作的幻灯片，在幻灯片上加入两个自定义按钮，并分别在上面加入文字"播放声音"和"停止播放声音"，如图 3-36 所示。

③ 用鼠标右击"播放声音"按钮，在弹出的快捷菜单中选择"编辑超链接"命令，随后出

现"动作设置"对话框,在"单击鼠标"选项卡上进行如下操作,如图 3-37 所示。

图 3-37 动作设置

单击鼠标时的动作:选"无动作";

播放声音:在前面打"√",在其下拉列表中,选择"其他声音",在随后出现的"添加声音"对话框中选择你已录制好的声音文件,单击"确定"按钮,关闭"添加声音"对话框,然后单击"确定"按钮,关闭"动作设置"对话框。

④ 用鼠标右击"停止播放声音"按钮,在弹出的快捷菜单中选择"动作设置"命令,随后出现"动作设置"对话框,在"单击鼠标"选项卡上进行如下操作:

单击鼠标时的动作:选择"无动作"。

播放声音:在前面打"√",在其下拉列表中,选择"停止前一声音",然后单击"确定"按钮,关闭"动作设置"对话框。

任务四 排练计时

知识链接

PowerPoint 2010 提供了"排练计时"功能,可以给每张幻灯片设置合适的播放时间。排练计时功能按钮在"幻灯片放映"选项卡的"设置"命令组中。

任务设计

为演示文稿进行排练计时和设置幻灯片放映,具体操作步骤如下。

(1)切换至"幻灯片放映"选项卡,单击"排练计时"按钮,进行演示文稿排练计时。这时会放映幻灯片,左上角出现一个可以计时的录制框,如图 3-38 所示,通过这上面的按钮可以控制幻灯片中各动画元素的播放时间。

(2)演示文稿排练计时结束后,单击"设置幻灯片放映"按钮,弹出"设置放映方式"对话框,如图 3-39 所示。"放映类型"选择"在展台浏览(全屏幕)";"放映幻灯片"选择"全部";"换片方式"选择"如果存在排练时间,则使用它",然后单击"确定"按钮。

图 3-38 录制框

（3）单击"放映幻灯片"按钮便可按照排练计时设置的时间播放幻灯片。

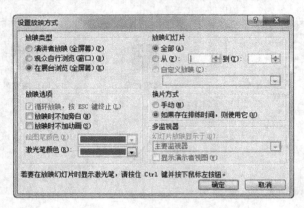

图 3-39　设置幻灯片方式

第四章 Visio 2016 概述

- 掌握 Microsoft Office Visio 2016 的基本操作。
- 掌握图表的创建方法；创建形状、模具和模板。
- 学会用 Microsoft Office Visio 2016 绘制各种图形、图表。

Visio 是一款专业的办公绘图软件，它能够将用户的思想、设计与最终产品演变成形象化的图像进行传播，还可以帮助用户创建具有专业外观的图表，以使理解、记录和分析信息。

因此，Visio 是一种方便 IT 和商务专业人员就复杂信息、系统和流程进行可视化处理、分析和交流的软件，它使文档的内容更加丰富、更容易克服文字描述与技术上的障碍，让文档变得更加简洁，易于阅读与理解，本章主要学习 Visio 的应用领域、新增功能的基础知识。

任务一　Visio 2016 初识　形状、文字的基本使用

在使用 Visio 2016 绘制专业的图表与模型之前，用户需要先了解一下 Visio 2016 的功能、应用领域等基础知识。另外，用户还需要了解一下，Visio 2016 的发展史及新增功能，从而帮助用户充分地了解 Visio 2016 的强大功能。

知识链接

Visio 的发展史

Visio 公司成立于 1990 年，最初公司名为 Axon。其创始人为杰瑞米（Jeremy Jaech）、戴夫（Dave Walter）和秦德·约翰逊。

1992 年，公司更名为 Shapeware。同年 11 月，公司发布了用于制作商业图标的专业绘图软件 VIsio 1.0，该软件一经面世立即取得了巨大的成功。2000 年微软公司收购了 Visio 公司，从此 Visio 成为微软公司 Office 办公软件中一个新的组件，如图 4-1 所示。

任务描述

在 Visio2016 的使用过程中，掌握页面及基本功能区的分布后，作为最基础的部分，熟练掌握文字的录入与图形的使用是非常必要的。

任务分析

在日常使用的环境中，流程图的使用场景最为频繁，同时也是 Visio 最基础的使用方

图 4-1　Office 办公软件

式,在流程图的制作过程中,会频繁使用到图形、文本以及图形的连接,可作为本项目的重点来学习。

任务步骤

　　流程普遍存在于任何工作当中,Visio 相对于其他办公软件的优势就在于可以用模板以矢量方式输出用户所制作的流程图,如图 4-2 所示,就是反映采购流程的流程图,制作精良的流程图可以用直观的方式展现工作工序与思维逻辑,是非常有用的生产参照。

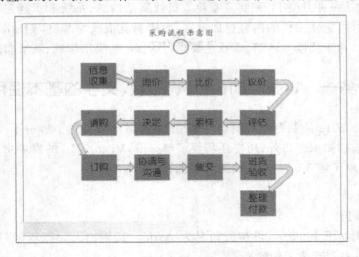

图 4-2　矢量方式输出用户制作的流程图

　　接下来,一起来分步骤实现上面流程图的制作。

1. 新建文档与形状的使用

　　打开 Visio 2016,可以看到"新建"界面,如图 4-3 所示,根据任务分析,选择"基本图形"新建文档即可。

知识链接

　　形状是在模具中存储并分类的图件,预先画好的形状称为主控形状,主要通过拖放预定义的形状到绘图页上的方法进行绘图操作。其中,形状具有内置的行为与属性。形状的行为可以帮助用户定位形状并正确地连接到其他形状。

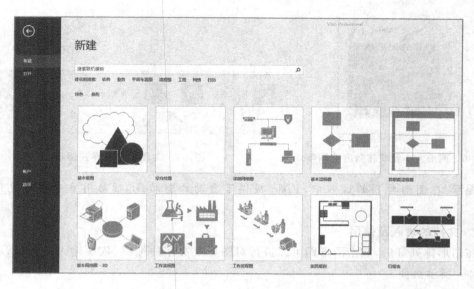

图 4-3 "新建"界面

　　建立好新文档之后,可以在界面左侧看到"形状"选项框,在这个选项框中,可以看到所有的形状选项,如图 4-4 所示,所有基本形状都在选项框中供大家选择,采用拖拽的方式就可以直接使用。

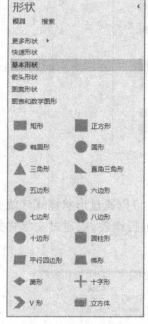

图 4-4 形状选项

　　回到任务分析,采购流程包括收集信息、询价、比价、议价、评估、索样、决定、请购、订购、协调与沟通、催交、进货验收、整理付款,共计 13 个步骤,采用矩形图形来体现各个流程的步骤,选定矩形,直接拖入文档,通过复制、粘贴,得到图 4-5 所示页面。

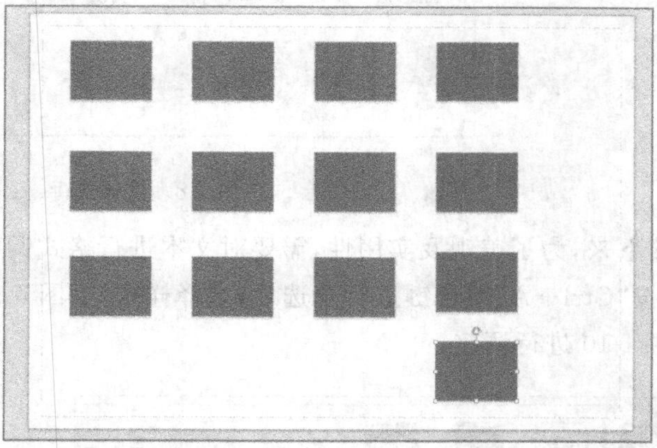

图 4-5 采用矩形图形,来体现各个流程的步骤

　　在编辑过程中,可以通过选定某个图形后,拖拽调整手柄实现图形大小及旋转角度的调整,如图 4-6 所示,同时在上部工具栏可以为通过形状样式来对图形进行样式的统一调整,也可以通过"填充""线条""效果"来对某个图形进行样式调整,如图 4-7 所示。

图 4-6　图形大小及旋转角度的调整　　　　图 4-7　对图形进行样式调整

提示：在图形排列的过程中，Visio 提供了自动的辅助线，帮助用户对图形进行排列布局。

2. 文档的录入及使用

在图形排列好后，双击图形即可以进行对图形上文字的编辑，依次输入流程后，可以得到图 4-8 所示页面。

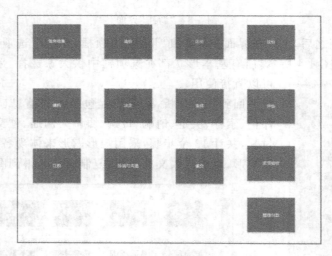

图 4-8　编辑文字

接下来，为了美观及实用性，需要对文本进行格式调整，同样，可以通过形状样式来统一调整，按"Ctrl＋A"组合键进行全选后，选择样式，如图 4-9 所示，进行调整，或通过文字样式工具栏 4-10 进行调整。

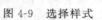

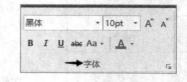

图 4-9　选择样式　　　　　　　　图 4-10　通过文字样式工具栏进行调整

提示：在形状样式工具栏右下角有下拉手柄，可以获得更多样式或对样式进行自定义。选择好字体样式后，整个流程图的主体就基本完成了，如图 4-11 所示。

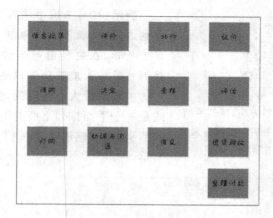

图 4-11　流程图主体

提示：除了双击图形外，还可以通过建立文档框来独立建立文档录入，通过工具栏"插入"页面，选择文本框，就可以自己定义文本框位置及大小了，如图 4-12 所示。

图 4-12　"插入"页面

3. 图形的链接

在完成了流程图主体后，为了表示流程推进的逻辑顺序，最直观的方式，通常用箭头形状来对其他图形进行连接，如图 4-13 所示。

Visio 为用户提供了很多种类的箭头，作为基础顺序，用普通箭头来表示流程顺序即可，如图 4-14 所示。

图 4-13　箭头形状

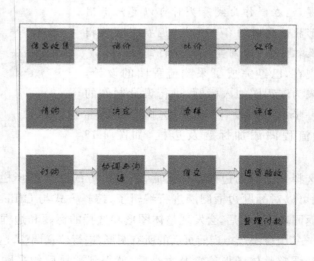

图 4-14　用普通箭头来表示流程顺序

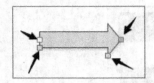

图 4-15 箭头的手柄调整方向,尾部手柄
调整图形长度箭头下端的手柄调整箭头大小,
尾部下端手柄调整图形箭头宽度

提示:在箭头图形拖入文档后,选择箭头,出现手柄后,箭头位置的手柄可以改变箭头方向,如图 4-15 所示,在链接图形的过程中,Visio 2016 会自动调整箭头长度及位置以连接两个图形。

由于图像大小的限制,多数时候不能在一条线或是一个平面排列下所有的流程形状,用户需要曲线箭头,在左侧形状工具栏内可以找到,如图 4-16 所示。

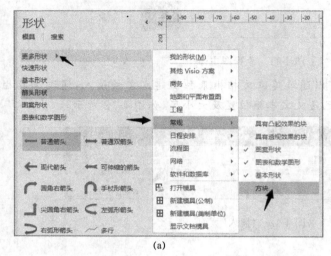

(a)

(b)

图 4-16 曲线箭头

选择图形后,通过拖拽与手柄调整,可以得到下面的效果,如图 4-17 所示。这样,采购流程的逻辑顺序就标记完成了。

提示:在制作曲线箭头时可以灵活运用箭头形状选定时的各个手柄,调整形状的指向以及粗细,以达到美观设计的目的。

现在,已经完成了采购流程图的设计,接下来为流程图加入标题,进行设计制作的最后一步,单击"设计"页面,选择个人的喜好,为流程图添加标题及边框,如图 4-18 所示。

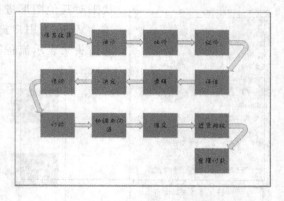

图 4-17 流程图效果

选择好适合的边框和标题后,在左下方的图层选择栏内选择"背景"图层,如图 4-19 所示,就可以对标题边框图层进行编辑了,编辑方式与 Office Word 类似,如图 4-20 所示。

返回基础页面后,会发现整体图形和选择的标题和边框尚未达到对齐及美观,可以选择按"Ctrl+A"组合键选择当前页面的所有图形,进行位置调整,达到美观的效果,如图 4-21 所示。

在调整整体图形位置及大小后,就得到了最后的采购流程图,在整个流程过程中,进行了最基本的图形编辑及文本的制作,这也是学习 Visio 2016 最基础的部分,如图 4-22 所示。

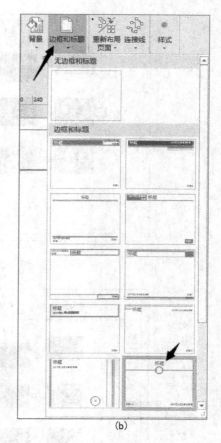

(a)　　　　　　　　　　　(b)

图 4-18　"设计"页面

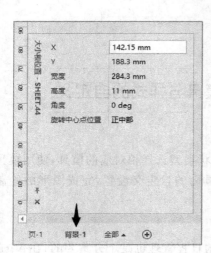

图 4-19　"背影"图层

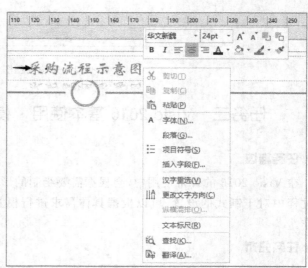

图 4-20　边框图层编辑

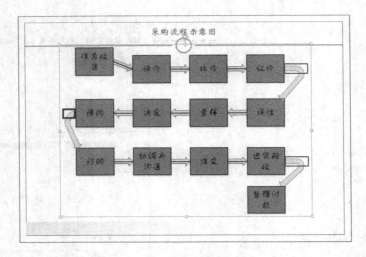

图 4-21　位置调整

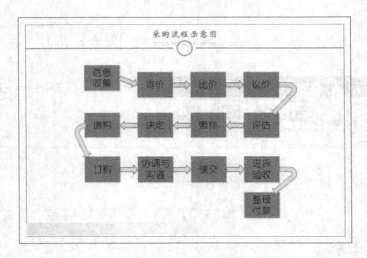

图 4-22　采购流程图

任务二　Visio 2016 基本使用·模具与样式的自定义

任务描述

在 Visio 2016 的日常使用中,会根据需要绘制的形状类型选择相对应的模具,使用模具的过程中对于制式的设置,可以根据具体需求进行模具内的自定义设置,完成图形的绘制工作。

任务分析

在生产活动中,除了逻辑流程的设计外,对于时间的日程管理也是十分重要的,在 Visio 2016 中,常用"甘特图"来示意流程具体内容以及相对应所需要的时间。

知识链接

在模具中搜索需要的形状

在使用 Visio 绘图时,需要根据图表类型获取不同类型的形状。除了使用 Visio 中存储的上百个形状外,用户还可以利用"搜索"与"添加"功能,使用网络或本地文件夹中的形状。

(1)从模具中获取启动 Visio 组件后,模具会根据创建的模板而自动显示在"形状"任务窗格中。用户可通过任务窗格中相对应的模具来选择形状。

除了使用模具中自动显示的形状之外,用户还可以通过单击"形状"任务窗格中的"更多形状"下拉按钮,将其他模具添加到"形状"任务窗格中,如图 4-23 所示。

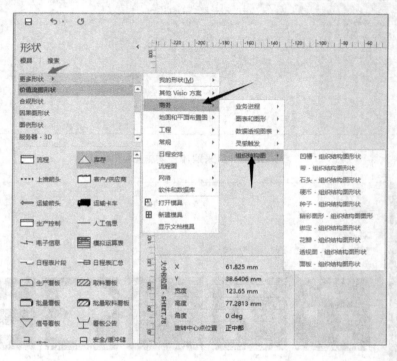

图 4-23 从模具中获取形状

(2)使用搜索形状 Visio 为用户提供了搜索形状的功能,使用该功能可以从网络中搜索到相应的形状。在"形状"任务窗格中,激活"搜索"选项卡,在"搜索形状"文本框中输入需要搜索形状的名称,单击右侧的"搜索"按钮即可,如图 4-24 所示。

任务步骤

在任务一中,制作了采购流程的逻辑示意图,那么在每个流程的具体实施过程中,就需要对流程结点进行时间安排并做出相对应的任务内容标注,接下来选取流程中前 6 个结点来安排具体工作的实施,如图 4-25 所示。

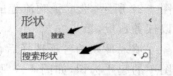

图 4-24 搜索形状

1. 预设模具项目的自定义

根据任务目标,在新建文档的过程中,直接选择甘特图模具,就可以得到下面的空白甘特图文档,如图 4-26 所示。

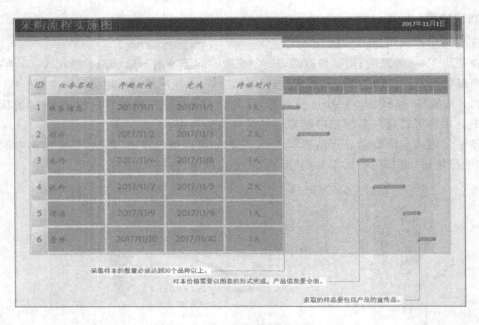

图 4-25　采购流程实施图

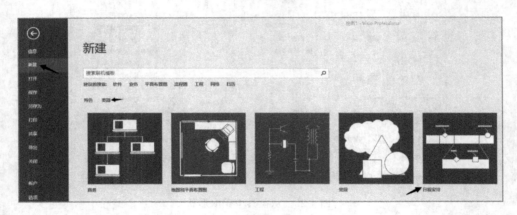

图 4-26　甘特图文档

　　创建好文档后,Visio 会为用户直接提供关于甘特图的自定义选项列表,在"日期"栏内,需要根据需求依次填入"任务选项""时间单位""时间刻度选项"以及"时间持续范围",如图 4-27 所示,选取采购流程的前 6 个流程结点:收集信息、询价、比价、议价、评估、索样,所以任务数量,填入"6"。

　　填入日期的各项选择后,选择"格式"栏,"格式"栏内主要需要定义各个时间结点在甘特图中的起止标识,如图 4-28 所示。

　　定义好各个标识后,就得到一张甘特图的雏形,然后在左侧的任务栏依次输入确定的 6 个任务目标:收集信息、询价、比价、议价、评估、索样,如图 4-29 所示。

2. 自定义样式的使用

　　通过选择各个标题栏调整项目列的大小后,会发现默认边框线、底色、字体、字号并不能达到美观效果,这里就需要对整体进行样式的定义。

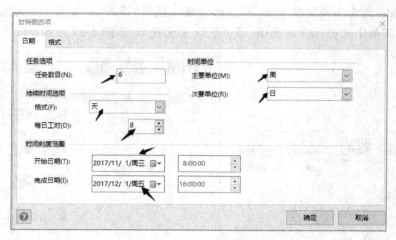

图 4-27 甘特图选项(一)

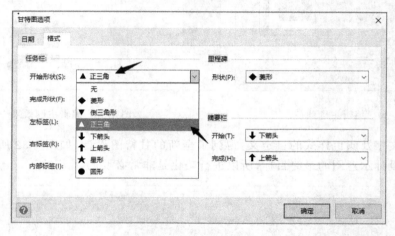

图 4-28 甘特图选项(二)

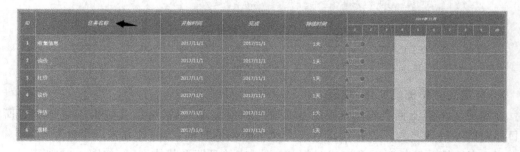

图 4-29 输入任务目标

◆ 知识链接

1. 自定义颜色和效果

Visio 为用户提供了 26 种内置的主题颜色。首先,在绘图文档中应用相应的内置主题效果。然后,执行"设计"|"主题"|"变体"|"其他"|"颜色"命令,在其级联菜单中选择相应的选项即可,如图 4-30 所示。

同样,Visio 也为用户提供了 26 种主题效果。执行"设计"|"变体"|"其他"|"效果"命令,在其级联菜单中选择相应的选项,即可更改主题效果,如图 4-31 所示。

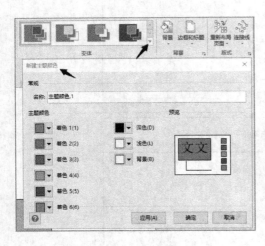

图 4-30 编辑主题颜色

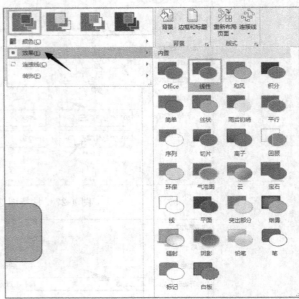

图 4-31 编辑主题效果

通过对文字及颜色样式的自定义,得到了全新的甘特图设计,如图 4-32 所示,清晰、直观、美观,是设计示意图的最终目标,所以进行美化是非常必要的。

图 4-32 甘特图设计

2. 自定义甘特图的背景、标题

在完成了采购流程实施示意图的基本设计和信息录入后,可以开始根据每个流程所需的目标时间来完成日程示意图的设计。在调节时间的时候,有两种方式可供选择:

(1) 直接填写开始时间及完成时间,双击相应的日期形状块即可,如图 4-33 所示。

(2) 在持续时间形状块双击,可以直接填入相应的时间,如图 4-34 所示。

根据制定好的日程安排,依次填入每个流程需要的时间,甘特图会自动在右边生成时间起止标识,如图 4-35 所示,直观表示出每个步流程开始到完成的时间安排,同时,系统还会自动跳过周末的休息时间,让用户看到了工作软件在人性化上的设计细节。

图 4-33　双击"日期"形状块

图 4-34　双击"持续时间"形状块

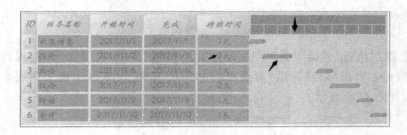
图 4-35　生成时间起止标识

在完成日期的录入后,采购流程的甘特图就完成了信息的录入工作,得到了一张美化后的采购流程实施图,剩下的工作便是为这张图插入背景以及标题。选择"设计"工具栏,"背景"选项,如图 4-36 所示,就可以看到系统预设的背景选项。

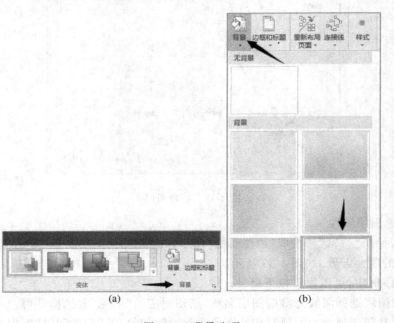

(a)　　　　　　　　　(b)

图 4-36　背景选项

在背景选项中,可以添加系统预设的背景,也可以添加纯色背景。另外还有一种方式,就是通过添加空白背景后,通过"插入"工具栏的"图片"选项来添加本地图片作为背景。在左下侧的图层选项中,选择"背景"图层,然后插入本地图片,如图 4-37 所示。

📖 **知识链接**

关于图层的使用

在 Visio 中,可将不同类别的图形对象分别建立在不同的图层中,使图形更有层次感。

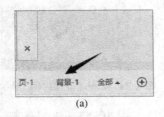
(a)

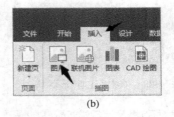
(b)

图 4-37　背景图层

（1）建立图层执行"开始""编辑"|"图层"1"层属性"命令，在弹出"图层属性"对话框中单击"新建"按钮。弹出"新建图层"对话框，在"图层名称"文本框中输入图层名称，并单击"确定"按钮，如图 4-38 所示。

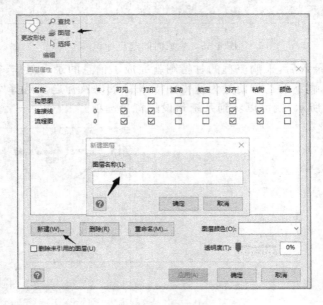

图 4-38　新建图层

（2）设置图层属性

执行"开始"|"编辑"|"图层"|"层属性"命令，在弹出的"图层属性"对话框中，可以对图层进行相应的属性设置，如图 4-39 所示。

在该对话框中，可以设置以下属性。

① 隐藏图层选择需要隐藏的图层名称，禁用对应的"可见"复选框即可。

② 设置打印选项选择需要打印的图层名称，禁用对应的"打印"复选框即可。

③ 锁定图层选择需要锁定的图层名称，禁用相对应的"锁定"复选框即可。

④ 为图层上的形状设置对齐和粘附选项若要使其他形状能与图层上的形状对齐，可启用"对齐"复选框。若要使其他的形状能粘附到图层上的形状，启用"粘附"复选框。

⑤ 为图层指定颜色选择需要为其指定颜色的图层，在"图层颜色"下拉列表中选择相应的选项即可。

⑥ 删除图层选择需要删除的图层名称，单击"删除"按钮，在弹出的"图层属性"对话框中单击"是"按钮即可。口删除未引用的图层启用该选项表示删除未包含形状的所有图层。

⑦　透明度可以通过拖动滑块来设置图层的透明度,其透明值介于 0~100 之间。

(3)　将形状分配到图层创建并设置图层属性之后,便可以将形状分配到图层。在绘图页中选择需要分配的形状,执行"开始"|"编辑"|"图层"|"分配层"命令。在弹出的"图层"对话框中,单击"全部"按钮,即可将选定的形状指定给所有的图层,如图 4-40 所示。

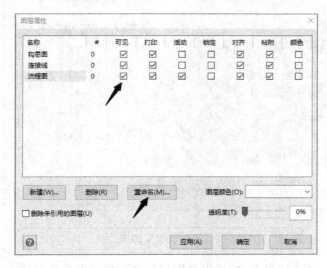
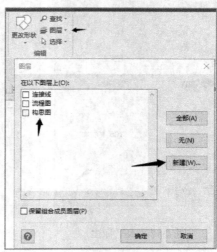

图 4-39　"图层属性"对话框　重命名图层　　　　图 4-40　"分配层"对话框

添加背景后选择"设计"工具栏中的标题选项,为采购流程实施图添加标题,完成添加标题的步骤,如图 4-41 所示。

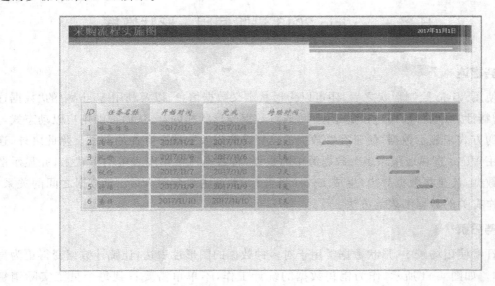

图 4-41　添加标题

(4)　添加标注

在调整完表格大小后,甘特图的大部分就已经定义完成了,但是在日常工作中,常常会需要在图示中标记出当前步骤的工作重点内容,这时就需要加入标注形状的功能了,如

图 4-42 所示,加入标注后,添加工作内容的文本,整个采购流程实施图就正式完成了,如图 4-43 所示。

图 4-42　水平标注

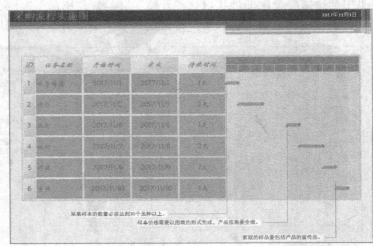

图 4-43　采购流程实施图

完成任务二之后,大家对于 Visio 2016 的模具、样式以及图层的基本使用及自定义方式已经可以基本掌握了,强大的自定义功能可以让用户在日常的使用中更好的表达出自己的设计思路和理念,达到预期的设计效果。

任务三　Visio 2016 进阶使用·形状数据

任务描述

在使用 Visio 绘制形状之后,还可以为形状定义数据信息,以及利用 Visio 中的"数据连接"新增特性,可以将数据连接到绘图中,或将数据与形状相融合,从而帮助用户以动态式与图形化的方式来显示数据,便于查看数据的发展趋势以及数据中存在的问题。除此之外,还可以使用 Visio 直观地跟踪多个数据源中的数据,将数据连接到图表中的形状上,并显示图表中的数据,甚至将数据导出(生成 Excel 报告)。本章主要学习 Visio 与数据之间的关系,掌握制作有关的数据图表的方法。

任务分析

在日常使用场景中,形状数据常用于对多种数据的图形性表达,让统计数据变得更为直观、立体。如图 4-44 所示,作为销售数据的统计工作,不单单需要看到每个员工实际销售额,还需要通过图形的方式体现出其是否完成了销售目标,直观体现出这名员工的工作状态,如图 4-44 所示的箭头方向就是状态的示意图,向上就是超过任务目标很多,斜上方则表示出略微超出任务而向下则表示着这名员工离任务目标相去甚远。数据的图形化,Visio 可以方便地为用户做到。

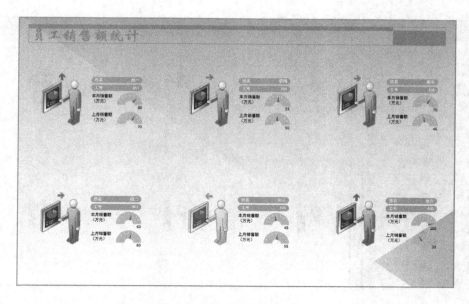

图 4-44 员工销售统计

任务步骤

1. 数据收集

在数据收集的前期工作中,需要确定数据类别:姓名、工号、本月销售额与上月销售额。收集好后,形成表格,如图 4-45 所示。

	A	B	C	D
1	员工销售额统计			
2	姓名	工号	上月销售额(万元)	本月销售额(万元)
3	赵一	801	70	80
4	钱二	902	60	60
5	孙三	103	55	45
6	李四	204	50	55
7	周五	305	45	70
8	吴六	406	30	100

图 4-45 员工销售统计表格

2. 选择适合的图形后,导入数据

选择工作流程图建立新的文档,因为在流程图模具中有着大量的人形示意图可供选择,统计目标为 6 人,创建文档如图 4-46 所示。

知识链接

在 Visio 中,除了直接定义形状数据外,还可以将外部数据快速导入到形状中,并直接在形状中显示导入的数据。

1. 导入数据

执行"数据"|"外部数据""自定义导入"命令,弹出"数据选取器"对话框。在"要使用的数据"列表中选择使用的数据类型,并单击"下一步"按钮,如图 4-47 所示。

在数据类型列表中,主要包括 Microsoft Excel 工作簿、Microsoft Access 数据库等 6 种数据源类型。

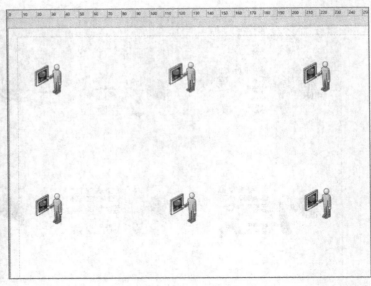

图 4-46　创建文档

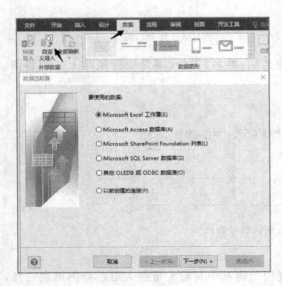

图 4-47　选择数据类型

单击"下一步"按钮,系会根据所选择的数据源类型,来显示不同的步骤。其中,每种数据源所显示的步骤如下所述。

(1) Microsoft Excel 工作簿在"要导入的工作簿"中选择工作簿文件,单击"下一步"按钮。在"要使用的工作表或区域"中选择工作表,执行"选择自定义范围"选项可以选择工作表中的单元格范围。

(2) Microsoft Access 数据库在"要使用的数据库"中选择 Access 数据库文件,在"要导入的表"下拉列表中选择数据表,并单击"下一步"按钮。

(3) Microsoft SharePoint Foundation 列表在"网站"文本框中输入需要链接的 SharePoint 网页的地址,并单击"下一步"按钮。

(4) Microsoft SQL Server 数据库在"服务器名称"文本框中指定服务器名称,获得允许访问数据库的授权。然后,在"登录凭据"选项组中设置登录用户名与密码,并单击"下一步"按钮。

(5) 其他 OLEDB 或 ODBC 数据源在数据源列表中选择数据源类型,并指定文件和授权。

(6) 以前创建的连接在"要使用的链接"下拉列表中选择链接,或单击"浏览"按钮,在弹出的"现有链接"对话框中选择链接文件。在弹出的"连接到 Microsoft Excel 工作簿"对话框中,单击"浏览"按钮,在弹出的"数据选取器"对话框中选择 Excel 数据文件,并单击"打开"按钮。然后,返回"连接到 Microsoft Excel 工作簿"对话框中,单击"下一步"按钮,如图 4-48 所示。在弹出的对话框中的"要使用的工作表或区域"下拉列表中,设置工作表或区域;同时,启用"首行数据包含有列标题"复选框,并单击"下一步"按钮,如图 4-49 所示。

图 4-48　选择数据文件

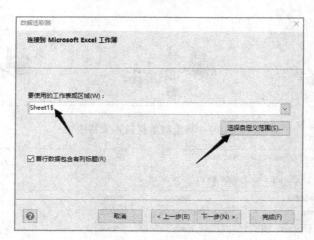

图 4-49　选择数据区域

提示:在选择数据区域时,用户可通过单击|选择自定义范围|按钮,在弹出的 Excel 工作表中自定义数据区域。

选取数据区域时,由于数据较为简单,可以采取框选的方式进行操作,如图 4-50 所示。

导入数据单击"确定"按钮之后,在工作页面的右侧或者底部就出现了导入的数据,这时全选数据,然后将全部数据拖入文档中,操作方式和将图形拖入文档相同,如图 4-51 所示。

2. 编辑数据图形

如图 4-51 所示,导入的数据只有姓名和本月销售额,这肯定不符合设计的要求,这时需要进行对数据图形的编辑工作,全选所有数据图形后,右击菜单选择"数据",之后选择"编辑数据图形",如图 4-52 所示。

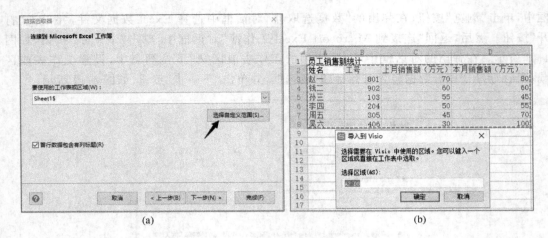

(a) (b)

图 4-50　框选方式

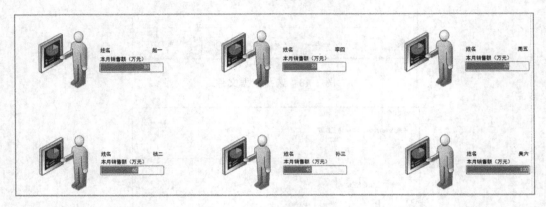

图 4-51　将全部数据拖入文档中

图 4-52　编辑数据图形

首先,选择新建项目,按照次序添加尚未定义的两列数据"工号""上月销售额",同时定义为"文本栏"和"数据栏",如图 4-53 所示。

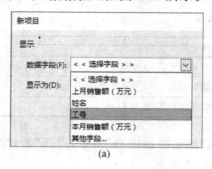 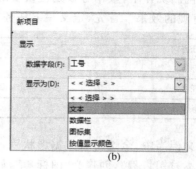

图 4-53 新建项目

添加新项目后,可以为数据图形选择样式,样式种类很多,这里的文本选择圆角的标题栏,为数值选择速度计作为样示,如图 4-54 所示。同样的操作步骤,为"姓名"和"本月销售额"选择样式。

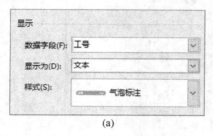 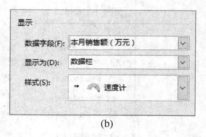

图 4-54 选择样式

定义完成后,单击"应用"选项,系统在后台就会在文档中显示出定义的效果,如果有不满意的地方,可以单击当前数据,再一次进行修改,如图 4-55 所示。

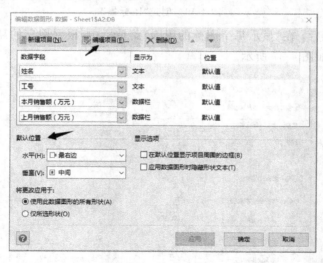

图 4-55 数据修改

提示:在下方"默认位置"选项中可以改变数据图形的显示位置。

3. 初步定义图标规则

在销售额统计中，数据考核是很重要的一环，而 Visio 可以用形状的方式来表达考核结果，达到直观的效果。首先，定义一下任务完成规则：

超额完成任务	销售额大于 80 万元
达到任务标准	销售额大于 50 万元小于 80 万元
基本完成任务	销售额大于 40 万元小于 50 万元
未达到任务要求	销售额小于 40 万元

回到文档当中，全选所有数据形状后，进入"编辑数据图形"菜单，点开"新建项目"任务栏，选择"本月销售额"，创建为"图标集"，如图 4-56 所示

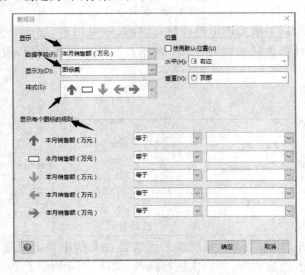

图 4-56　创建"图标集"

选择好样式之后，在"显示每个图标的规则"菜单栏中，根据用户的需求来填入规则，本项目中，规则填入如图 4-57 所示。

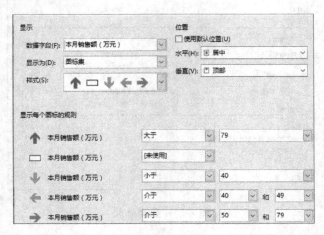

图 4-57　填入规则

提示：在右上角位置，可以单独定义当前图形的摆放位置。

回到"编辑数据图形"菜单，单击"应用"选项，自定义图集就添加完成了，整体效果如图 4-58 所示。

如果定义以 50 万元销售作为月任务目标，如何可以直观地看出谁完成了任务，谁没完任务呢？回到"编辑数据图形"菜单，再一次新建项目，这次创建"按显示颜色"，定义为"每种颜色代表一个范围值"，如图 4-59 所示。颜色定义，如图 4-60 所示。

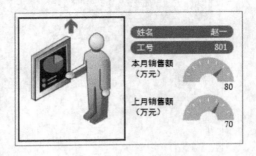

图 4-58　自定义图集

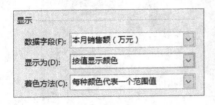

图 4-59　新建项目，按显示颜色

图 4-60　颜色定义　右侧选项可以添加删除更多的颜色分类

就如上面定义的，完成任务的直接显示为红色，未完成任务的显示为绿色，非常直观的员工销售额统计图就基本设计完成了，如图 4-61 所示。

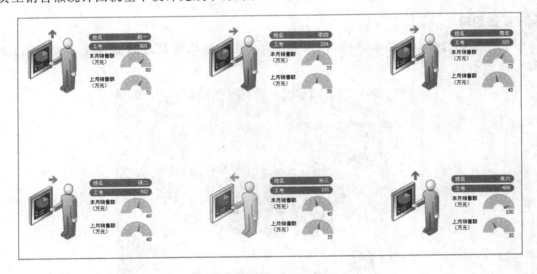

图 4-61　员工销售统计图

添加背景及标题后，整体设计工作就完成了，成品如图 4-62 所示。

身处大数据蓬勃发展的时代，掌握如何将图形数据化的技能对于日后的工作十分重要，一份直观的数据报告可以大大的提升工作效率，更便捷的将设计者、数据分析者的思维意图表达出来，Visio 为用户提供了很强大的数据图形化工具，在高级数据图形菜单中，还可以定义更多规则，亦可进行公式运算，图形化更复杂的数据，需要大家进一步地去探究。

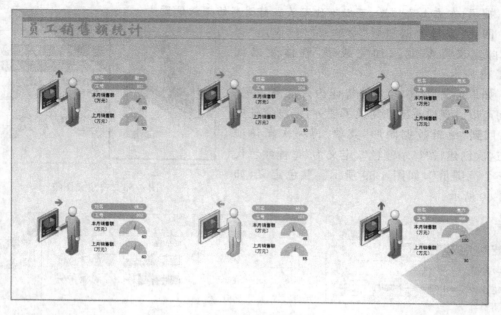

图 4-62　添加背景标题

实训一　会议室布局设计

实训目的

　　使用 Visio 2016 的基本操作(图形和文本)通过形状模具进行会议室布局设计,如图 4-63 所示。

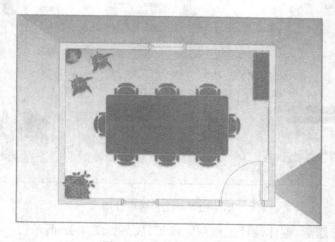

图 4-63　会议室布局设计

步骤提示

　　(1)选择"办公室布局"模具新建文档。

　　(2)设计顺序为由外之内,先确定墙体、门窗位置,再填充其他设施。

（3）可以经常图形搜索功能，更快找到需要的图形。

（4）可利用标注功能添加墙体尺寸，让设计图更具实际意义。

（5）根据个人喜好，可使用主题功能整体改变设计图的配色。

实训二　绘制地铁示意图

实训目的

使用 Visio 2016 的模具、样式的自定义功能，进行地铁示意图的绘制，如图 4-64 所示，通过绘制地铁示意图掌握地图、线路图的绘制方法。

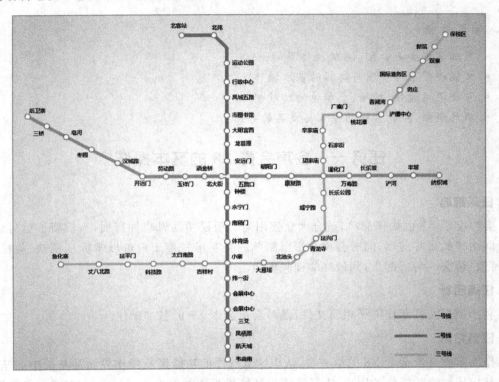

图 4-64　地铁示意图的绘制

步骤提示

（1）选择地图模具后，在"地铁"选项中选择适合的图形。

（2）利用图层中对文本的保护选项固定文本位置及内容。

（3）标记图例。

（4）通过移动图形时的辅助线，找到图形移动过程中借鉴辅助线的方法。

（5）通过复制粘贴命令更高效地进行类似图示的制作。

第五章 会声会影 X8

学习目标

- 熟练掌握会声会影 X8 的操作界面。
- 掌握视频素材整理与编辑的基本操作。
- 学会使用滤镜、转场、叠加等的特效制作。
- 熟悉视频、声音素材的导入与成品的导出。

任务一 会声会影 X8 的基本操作

任务描述

会声会影 X8 以操作简单,适合大众使用闻名于视频编辑软件行列,入门新手也可以在短时间内体验影片剪辑,同时会声会影以简单的交互形式使用户可以掌握从捕获、剪接、转场、特效、覆叠、字幕、配乐,到最终的视频输出。

任务目标

利用模板文件制作电子相册文件,熟悉会声会影 X8 的基本操作。

任务分析

作为掌握会声会影 X8 的第一步,认识这款软件的功能区及操作界面是基础中的基础,面对首次接触这款软件的用户,本任务将以替换模板素材作为学习目标,同时学习各常用功能区的使用方法。

知识链接

会声会影 X8,如图 5-1 所示,是加拿大 corel 公司制作的一款功能强大的视频编辑软件,具有图像抓取和编修功能,可以抓取,转换 MV、DV、V8、TV 和实时记录抓取画面文件,并提供有超过 100 多种的编制功能与效果,可导出多种常见的视频格式,甚至可以直接制作成 DVD 和 VCD 光盘。

其主要的特点是:操作简单;适合日常使用;提供完整的影片编辑流程解决方案:拍摄、制作、分享。

1. 掌握会声会影 X8 的操作界面

在安装完成会声会影 X8 后,可以单击"Corel VideoStudio Pro X8"图标进入会声会影

图 5-1　会声会影 X8

X8 的操作界面，按照用户使用逻辑步骤，会声会影 X8 的操作分类分为"捕获""编辑"和"共享"三大区域面板，如图 5-2 所示。

　　捕获界面提供了视频编辑的素材来源的各种获取方式：由 DV 设备获取、由储存介质获取和由本机视频设备获取，在选择了不同的获取方式后，可以在下方看到视频素材的数据信息，同时可以在左上方看到视频素材的预览

图 5-2　"捕获""编辑""共享"三大区域面板

播放，方便用户在素材获取时选择准确的文件及需要的格式进行素材获取，如图 5-3 所示。

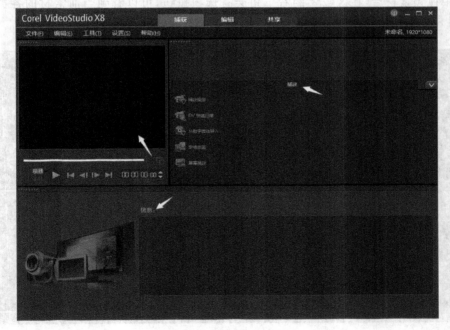

图 5-3　捕获界面

　　编辑界面是这款软件的主体，在这个面板中可以对视频素材进行整理、编辑和修改，还可以将视频滤镜、转场、字幕以及音频应用到视频素材上。下面将这个面板分解介绍给大家：

（1）素材库及素材选项面板

如图 5-4 所示，区域 1 为素材分类选择区域；区域 2 为自定义素材库区域；区域 3 为当前素材库内容显示区域。

图 5-4　编辑界面

选中视频素材后，在区域 3 的右下角会有选项按钮，可以看到当前素材的各类参数设置，如图 5-5 所示。

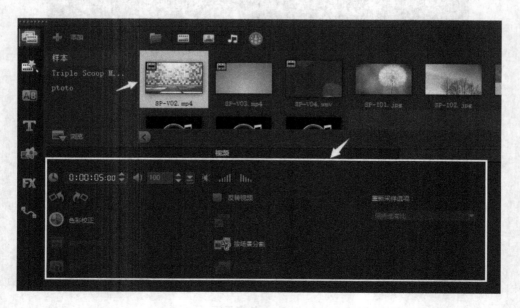

图 5-5　素材的各类参数设置

（2）预览窗口

在预览窗口中，用户可以查看正在编辑的项目或者预览视频、转场、滤镜以及字幕等素材的效果。可以在预览窗口查看整体及各素材的编辑效果，并可以通过下面的按键进行播放速度及逐帧播放的设置，如图 5-6 所示。

图 5-6　预览窗口

（3）时间轴界面

时间轴位于整个操作界面的最下方，用于显示项目中包含的所有素材、标题和效果，它是整个项目编辑的关键窗口，类似于图形编辑时的图层的概念，在时间轴界面中可以直观的编辑各类素材，做出心仪的影片，如图 5-7 所示。

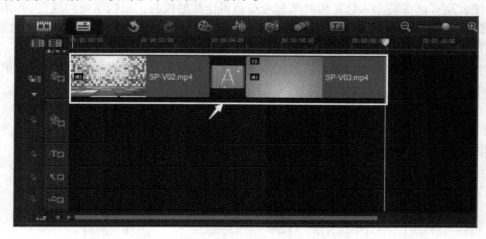

图 5-7　时间轴界面

共享面板包括了完成视频制作后各种将视频进行发布的方式：在本机生成视频、生成网络视频并一键分享、直接将视频文件进行刻录。

提示：如图 5-8 所示，最常用的就是在本机中导出视频，会声会影 X8 为用户提供了各类导出格式，并可以通过"配置文件"对选定的格式进行不同的参数设定以满足用户的需求。

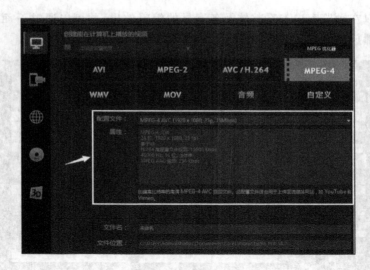

图 5-8　导出视频

2. 利用模板制作电子相册

对于初次接触会声会影软件的用户，可能会从网络接触到很多制作精良的模板文件，这是最便捷的视频制作方式，用户可以通过简单的操作就能制作出具有一定水准的视频作品，而对于下载得到的模板的使用方法，接下来会以电子相册的制作步骤一一讲解。

📖 **知识链接**

我国《著作权法》规定，著作权包括信息网络传播权，即以有线或者无线方式向公众提供作品，使公众可以在其个人选定的时间和地点获得作品的权利。根据该条的规定，著作权人对自己的网络作品拥有使用权。该法规定了"使用他人作品，应当支付报酬而未支付的"是侵权行为。

对于模板的使用，请选择购买模板或是使用官方网站上分享的模板，树立版权意识应从点滴做起。

* 本章教程使用的模板及素材均用于教学目的，如涉嫌侵权，请联系作者协商解决。

下载"电子相册"模板文件后，解压缩得到很多文件，包括 VSP 格式文件、图片文件、声音文件、视频文件，通常模板都会包括这四类基本的文件类型，如图 5-9 所示。

图 5-9　电子相册模板文件

通过会声会影 X8 工具栏中的"文件"→"打开项目选项"，选择电子相册中的"电子相册.VSP"文件，这是会声会影软件的工程格式文件，在视频制作的过程中会经常见到，如图 5-10 所示。

单击打开后,经过素材读取过程后会出现图 5-11 的错误提示信息,这时选择"重新链接"选择项即可,然后选择第一个文件后选择打开,之后,软件就会自动进行智能链接,完成整个过程。

图 5-10　打开项目选项　　　　　　　　　　图 5-11　重新链接

在模板导入完成后,就可以在预览窗口,如图 5-12 所示,看到整个视频,单击"播放"后,对视频进行整体浏览,根据用户的需要在脑海中勾画自己视频的素材顺序就行了。

预览整体文件后,需要开始对模板进行自定义修改了,在素材库区域单击"媒体"→"添加"新建一个素材库"photo",如图 5-13 所示,然后选择文件夹,添加已经准备好的素材"电子相册替换图片"文件夹。

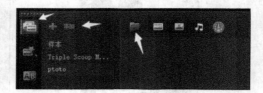

图 5-12　预览窗口　　　　　　　　　　　　图 5-13　新建一个素材库

图 5-14　替换素材导入完成

如图 5-14 所示,在素材导入完成后,就可以开始对素材视频进行属于用户自己的改动了,替换素材的方式有两种:

(1)选定需要替换的素材后,单击右键选择"替换素材",然后选择需要替换的文件即可完成替换,如图 5-15 所示。

（2）将素材库中的文件拖拽至需要替换的素材然后按 Ctrl 键完成替换，如图 5-16 所示。

 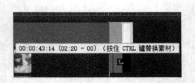

图 5-15　替换素材　　　　　　　　　　图 5-16　完成替换

提示：为了保证更好的视频效果，在选择替换图片的时候，需要选择整体画面比例基本一致的图片，如果需要，可以在 Photoshop 等图形编辑软件中，将图片先行进行加工。

在进行素材替换的时候，会经常遇到同类型的素材进行重复的单个替换，这种情况下，就可以使用多目标素材替换的方式，即按住 Shift 键然后依次点选需要替换的素材，如图 5-17 所示，然后单击鼠标右键"替换素材"，再根据刚才点选的顺序依次按住 Ctrl 键，如图 5-18 所示，选择文件，然后单击"打开"，就完成了整体替换操作。

图 5-17　需要替换的素材　　　　　　　图 5-18　替换素材

提示：对于声音和视频文件的替换时，系统会自动调整为原素材的时长，所以在保证效果的前提下，声音和视频素材文件需要提前进行剪辑，以适应固定模板下的时长要求。

图 5-19　在时间轴内选择素材

对于文字字幕的编辑类似于 Word 中的编辑方式，首先在时间轴内选择字幕素材，如图 5-19 所示，然后双击这个素材就可以进行字幕文字的编辑，包括调整字体字号、出现位置等，如图 5-20 所示。

完成了所有目标素材的替换后，这个利用模板制作的电子相册就完成了，完成

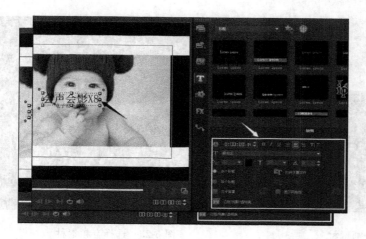

图 5-20 字幕文字编辑

后,只需要在"共享"页面选择用户需要的方式将视频文件导出即可。通过模板来进行视频制作为初学者快速入门提供了技术上的保障,这就是会声会影易用性的最显著的特征。

任务二 会声会影 X8 的进阶操作

任务描述

在使用模板进行视频制作后,受限于模板制作者的设计思路,无法更好地体现出用户制作视频的完整意图,所以,视频素材的编辑方法是我们必须要学习的。

任务目标

利用提供的素材制作"我们的祖国"展示视频。

任务分析

从视频的捕获开始制作声画结合的简单视频,综合运用视频滤镜效果、素材转场效果、素材复叠效果,并在最后添加特效字幕。

1. 对音频文件的编辑加工

首先,解压缩"会声会影 X8 项目二 素材",可以看到有三段背景音乐可供大家进行编辑操作,进入"编辑页面"后,创建素材库"zhong guo meng"然后单击"导入媒体文件"按钮将背景音乐导入素材库,如图 5-21 所示。

选择"背景乐 磅礴"作为开场音乐,将这个素材拖入下方的时间轴,然后根据需要对素材进行分割,在这个步骤中,音频的素材分割与视频素材的分割操作方式是一样的可以使用快捷键也可以在需要的位置单击鼠标右键选择"分割素材",如图 5-22 所示。

为了能够更加准确的分割音频文件,在选择音频素材后,单击"混音器"按钮可以看到素材的波形图,根据波形和试听效果,就可以更加精确的选择音频素材,如图 5-23 所示。

图 5-21 将背景音乐导入素材库

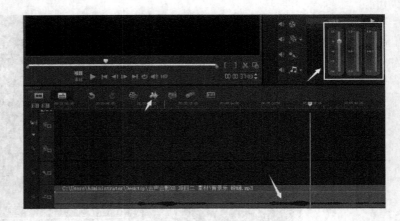

图 5-22　分割素材　　　　　　　　　　　图 5-23　选择音频素材

提示：图 5-23 中方框中的滑块可以随时调整音频素材的声音大小。

根据需求，将"00：37 00"这个结点的音频分割开，然后为这段音频添加"淡入淡出"的效果，效果持续时间可以拖动音频轨上黄色的手柄进行调节，如图 5-24 所示。

图 5-24　调节音频

在实际操作的过程中可以先编辑视频选取需求的镜头素材，也可以先选取需求的音频素材然后调整视频素材与之配合，依照个人喜好习惯即可。

2．对视频文件的编辑加工

为了方便编辑，我们需要将素材视频导入素材库，首先在"捕获"界面单击"从数字媒体导入"，选择素材所在的文件夹，勾选需要的视频素材后单击"开始导入"，依照选项导入"zhong guo meng"素材库，如图 5-25 所示。

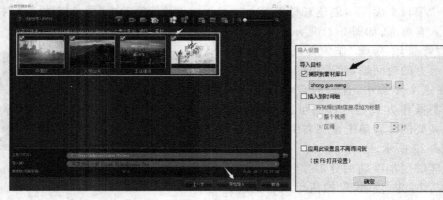

图 5-25　导入素材库

回到"编辑"界面，刚才导入的素材就已经进入到
"zhong guo meng"素材库中了，根据从预览窗中对三段
视频素材进行完整了解后，选择从动到静再到动的编辑
思路，首先选择"中国梦"作为整个视频创作的基础素材
并拖入视频轨，由于原素材有声音，需要单击鼠标右键对
其进行静音操作，如图5-26所示。

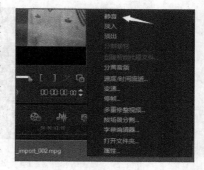

图 5-26　静音操作

另外两段视频在我们的制作中，属于副视频，对于三
段素材视频选择"中国梦"→"工业建设"→"大好山河"→
"中国梦"的设计思路，这时我们就需要采用复叠操作，依
次将分割好的"工业建设""大好山河"素材拖入下面的复
叠轨中，如图5-27所示。

图 5-27　将素材拖入复叠轨中

提示：为了方便理解，在视频轨中的视频素材也做了分割操作，即在播放到图5-27中分
割点时，这个视频需求的画面就会开始播放下方复叠轨中的素材来代替上面素材的画面。

为了方便编辑复叠轨中的视频素材，在单击选中其中素材时，预览窗中就会出现复叠画
面的位置和大小，此时拖动画面或是四周的手柄，就可以对复叠画面进行调整了，如图5-28
所示 。

提示：在多数视频制作的过程中，复叠素材可以通过调整大小及角度、应用遮蔽效果来
实现与基础素材同时在画面中播放的效果。

图 5-28　对复叠画面进行调整

在调整完两段复叠画面的大小后，为这两段视频选择相对应的背景乐，然后通过分割素
材的方式将视频素材与音频素材对齐，然后将"中国梦"图片加至片尾，整理完成后，如
图5-29所示。

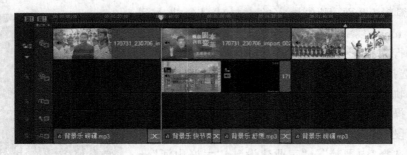

图 5-29　将视频素材与音频素材对齐

视频的基本构架就已经完成了,可以将指示指针拖回 00 秒位置,在预览窗中对现有视频进行播放,同时开始构思各段素材之间可以采取何种转场效果。若转场效果运用得当,可以增加影片的观赏性和流畅性,从而提高影片的艺术档次。相反,若运用不当,有时会使观众产生错觉,或者产生画蛇添足的效果,也会大大降低影片的观赏价值。

知识链接

在单击选中时间轴中某段视频素材后,可以单击素材库右下角的"选项"按钮,对素材的色彩进行调整使用色调、饱和度、亮度以及对比度等功能可以轻松调整图像的色相、饱和度、对比度和亮度,修正有色彩失衡、曝光不足或过度等缺陷的图像,甚至能为黑白图像上色,制做出更多特殊的图像效果,如图 5-30 所示。

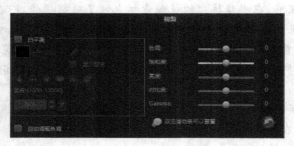

图 5-30　对素材的色彩进行调整

3. 加入标题字幕

在会声会影 X8 中,标题字幕是影片中必不可少的元素,好的标题不仅可以传达画面以外的信息,还可以增强影片的艺术效果。为影片设置漂亮的标题字幕,可以使影片更具有吸引力和感染力。为了更突出标题字幕的效果,可以在预览窗右侧选择字幕选项,可以预览到很多动画字幕的效果,根据用户的喜好,选择一种拖拽至片头位置插入,如图 5-31 所示。

双击字幕素材后,就可以在预览窗中对动画字幕进行编辑了,输入:"谨以此片,献给伟大的祖国!"此时的字幕是作为单独播放素材存在的因此会占据整篇的时长,编辑时注意对应调整音轨的播放开始时间,如图 5-32 所示。

提示:图 5-32 右下角的方框中是字幕文字的编辑工具栏,可以依照 Office 中对文字的编辑方式对字幕文字进行修改。

用上面同样的方法,为"工业建设"和"大好山河"两段复叠素材添加动画字幕,这次加在右

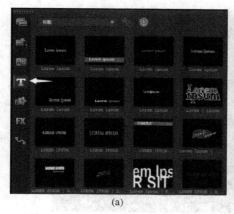
(a)

(b)

图 5-31　加入标题字幕

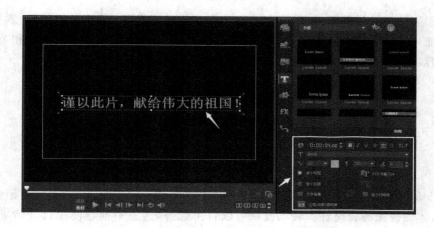

图 5-32　编辑动画字幕，调整音轨播放时间

下角的位置，这个是纪录片常见的标题字幕添加方式。这里使用的操作方法分为两步：

（1）在复叠素材起始帧插入动画字幕，调整位置及文本内容。

（2）将字幕最后一帧生成 PNG 图片，然后拖入复叠轨 2 中，以动画字幕结束为起点，以这段复叠素材播放完毕为终点，如图 5-33 所示。

上面的方法是一种较为简单地把动画字幕最后一帧固定在画面上的方式，通过其他方法也能实现这一点，例如延长最后一帧等，这就需要大家在使用过程中不断探索了。

图 5-33　标题字幕添加

4．加入转场特效

会声会影 X8 为用户提供了非常多可供拓展的转场效果，如图 5-34 所示，若转场效果运用得当，可以增加影片的观赏性和流畅性，从而提高影片的艺术档次。相反，若运用不当，有时会使观众产生错觉，或者产生画蛇添足的效果，也会大大降低影片的观赏价值。

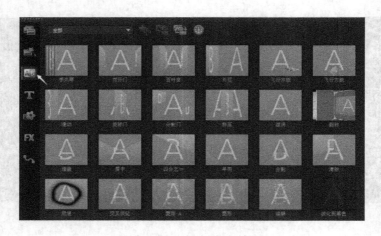

图 5-34　可供拓展的转场效果

作为添加转场效果的第一步,用户需要计算整段视频需要多少个转场效果,素材与素材之间只有加入了转场效果才不会过渡得那么生硬,更好的体现视频制作的美感和节奏感,根据制作内容,选取适合的转场效果只能通过多加练习来实现了,如图 5-35 所示。

图 5-35　选取适合的转场效果

如图 5-35 所示,本段视频共需要 6 个转场效果,包含一个结尾效果,通常用渐变至黑来作为结尾,体现视频的完整性。转场效果可以自由选择,这里不推荐使用自动转场效果,随机的效果并达不到用户对视频的编辑需求。

图 5-36　调整效果的持续时间

添加转场效果的方法很简单,选择适合的转场效果后,拖移到需要的两段素材中间,通过拉伸,可以调整效果持续的时间,如图 5-36 所示。

为各段素材添加好转场效果并调整好各个效果的持续时间后,视频编辑工作就基本完成了,如图 5-37 所示。

相较于图 5-35,已经完成了对各个素材之间转场的基本添加,这时就可以在预览窗中对视频进行检查,检查顺序通常为:音画的时间搭配、字幕出现的时间、画面的稳定性、转场效果完备性以及特效是否与主题相搭配。

图 5-37　完成视频编辑

知识链接

在视频滤镜的添加上,会声会影 X8 也是非常方便的,与转场效果类似,只需要将需要的效果通过拖移的方式放在需要的素材上即可,如图 5-38 所示。

将云彩滤镜添加到"大好河山"素材上,就为这段素材添加了云彩特效,对比如图 5-39 所示。

滤镜的应用为视频带来了很强的活力,是发挥想象力进行再创造的过程,得当的滤镜使用会让整段视频充满艺术感,同时,在素材库右下角的选项按钮,为滤镜的自定义提供了详细的选项,方便用户将预设滤镜做出自己的特色,如图 5-40 所示。

图 5-38 视频滤镜添加

 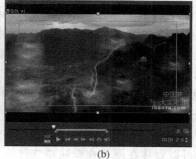

(a)   (b)

图 5-39 添加云彩滤镜

图 5-40 滤镜自定义

5．视频成品导出

在逐帧检查完整体视频后,就可以将上面制作的"中国梦"视频导出并发布了,以下给出各种常见视频的格式说明,供大家在导出视频的时候能够更准确的选择需要的格式:

(1) MPEG

MPEG(Motion Picture Experts Group)类型的视频文件是由 MPEG 编码技术压缩而成的视频文件,被广泛应用于 VCD/DVD 及 HDTV 的视频编辑与处理中。MPEG 包括 MPEG-1、MPEG-2 和 MPEG-4(注意没有 MPEG-3,一般所说的 MP3 就是 MPEG Layer3)。

① ★MPEG-1：MPEG-1是用户接触得最多的,因为被广泛应用在VCD的制作及下载一些视频片段的网络上,一般的VCD都是应用MPEG-1格式压缩的(注意VCD 2.0并不是说VCD是用MPEG-2压缩的)。使用MPEG-1的压缩算法,可以把一部120分钟长的电影压缩到1.2 GB左右。

② ★MPEG-2：MPEG-2主要应用在制作DVD方面,同时在一些高清晰电视广播(HDTV)和一些高要求的视频编辑、处理上也有广泛应用。使用MPEG-2的压缩算法压缩一部120分钟长的电影,可以将其压缩到4～8 GB。

③ ★MPEG-4：MPEG-4是一种新的压缩算法,使用这种算法的ASF格式可以把一部120分钟长的电影压缩到300 MB左右,可以在网上观看。其他的DIVX格式也可以压缩到600 MB左右,但其图像质量比ASF要好很多。

（2）AVI

AVI(Audio Video Interleave)格式在Windows 3.1时代就出现了,它的好处是兼容性好,图像质量好,调用方便,但尺寸有点偏大。

（3）nAVI

nAVl(newAVI)是一个名为ShadowRealm的组织发展起来的一种新的视频格式。它是由MicrosoftASF压缩算法修改而来的(并不是想象中的AVI)。视频格式追求的是压缩率和图像质量,所以nAVI为了达到这个目标,改善了原来ASF格式的不足,让nAVI可以拥有更高的帧率(Frame rate)。当然,这是以牺牲ASF的视频流特性作为代价的。概括来说,nAVI就是一种去掉视频流特性的改良的ASF格式,再简单点就是非网络版本的ASF。

（4）ASF

ASF(Advanced Streaming Format)是Microsoft公司为了和现在的Real Player竞争而发展起来的一种可以直接在网上观看视频节目的文件压缩格式。由于它使用了MPEG-4的压缩算法,所以压缩率和图像的质量都很不错。因为ASF是以一个可以在网上即时观赏的视频流格式存在的,它的图像质量比VCD差一些,但比同是视频流格式的RMA格式要好。

（5）WMV格式

随着网络化的迅猛发展,互联网实时传播的视频文件WMV视频格式逐渐流行起来,其主要优点在于可扩充的媒体类型、本地或网络回放、可伸缩的媒体类型、多语言支持、扩展性等。

6. RealVideo

RealVideo格式是视频流技术的创始者,它可以在低速率网络的条件下实现不间断的视频播放,当然,其图像质量不能与MPEG-2、DIVX等相比。

7. QuickTime

QuickTime(MOV)是苹果(Apple)公司创立的一种视频格式,在很长一段时间内,它都只是在苹果公司的Mac机上存在,后来发展到支持Windows平台。

8. DIVX

DIVX视频编码技术可以说是一种对DVD造成威胁的新生视频压缩格式,它由Microsoft MPEG-4修改而来,同时它也是为打破ASF的种种协定而发展出来的。而使用这种据说是美国禁止出口的编码技术压缩一部DVD只需要2张CD-ROM,这就意味着,不需要买DVD-ROM也可以得到和它差不多的视频质量了,而这一切只需要有CD-ROM即可,况且播放这种编码,对机器的要求也不高,这绝对是一项了不起的技术,前途不可限量。

　　会声会影 X8 为我们提供了上面全部的视频格式,通过"共享"页面的自定义选项,经过整体渲染,就可以导出用户需要的视频了,如图 5-41 所示。

图 5-41　导出需要的视频格式

任务三　会声会影 X8 字幕也可以当主角

任务描述

　　会声会影 X8 除了在视频编辑上为用户提供了便利的操作之外,更是为用户提供了一个展现创意的技术平台,对于经验并不丰富的用户来说,也可以通过简单的操作制作出"高大上"的视频作品,文字快闪视频就是其中之一。

任务目标

　　利用会声会影 X8,模仿苹果公司(Apple Inc.)的广告,制作 20 秒的自我介绍文字快闪视频,掌握快闪视频的基本制作手法。这个任务中,来制作一份关于祖国的"自我介绍"。

任务分析

　　文字快闪视频是通过快节奏的音乐配合进行高速的字幕切换,同时加入自定义动作、转场效果、遮罩等技术手段,配合优秀的文案,带给观众强大的视觉冲击力。

知识链接

　　快闪动画最早出现在 2016 年 Apple iPone 7 的发布会上,如图 5-42 所示,以其快速聚焦、紧张跳动、节奏感强等特点引领了一种广告潮流,以至于后来许多大公司也纷纷效仿。

　　赏析链接:http://apple. youku. com/play/XMTcxNzExMjg0OA＝＝/(Apple-优酷官方频道)

1. 确定文本文案,找到背景音乐的节奏点

　　作为以文案为主体的视频制作,确定一份适合的文案是重中之重,在观看过苹果公司的广告后,可以总结出以下三点作为确定文案的指导:

　　(1)以词语和短句贯穿文案;

　　(2)主题明确,多数文案以高度概括的词语为主;

（3）以口语化的语气来设计文案。

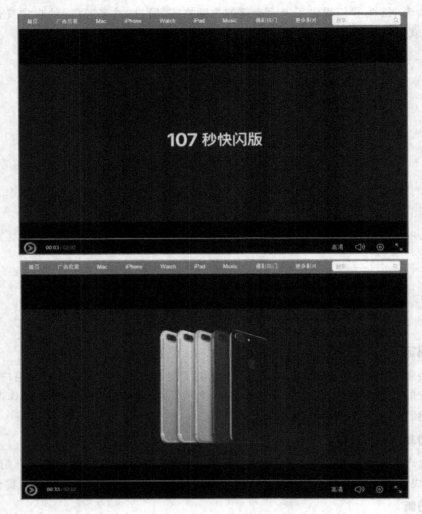

图 5-42　视频截图

根据以上三点,来设计一份"祖国快闪"文案(下文空格是为了字幕设计事先进行的文本编辑)：

Hey　Are you ready?

你眼前看到的　是　介绍祖国的　20秒　快闪　动画

千万　千万　别　眨眼　眨眼　3 2 1

我们的祖国　很大（单位：万平方公里）俄罗斯　1712　加拿大　998　中国　960　世界　第3

我们的祖国　很有　历史　上　下　五千年　夏朝:471年　商朝:438年　周朝:867年　秦朝:16年　西楚:5年　西汉:210年　新朝:16年　玄汉:3年　东汉:196年　三国:61年　晋朝:156年　南北朝:170年　隋朝:38年　唐朝:290年　五代:54年　十国:89年

宋朝:320 年　　元朝:98 年　　明朝:277 年　　清朝:268 年　　中华民国:28 年

我们的祖国　很强大　全面建成小康社会　生态红线"中国制造 2025"一带一路　互联网十　大众创业、万众创新　亚洲基础设施投资银行　五大发展理念　"供给侧改革"军民融合战略　中国气候变化南南合作基金　中国"国家自主贡献"　政治规矩　习马会人口红利

在背景音乐方面,快闪类视频多采用节奏明快的纯音乐,一方面体现出现代主义气息,另一方面高节奏的音乐节拍更容易让我们来把握每段字幕出现、消失的节奏,这个任务中,我们直接采用苹果公司的这段广告配乐"tiger rhythm"。将背景音乐导入素材文件夹,如图 5-43 所示。

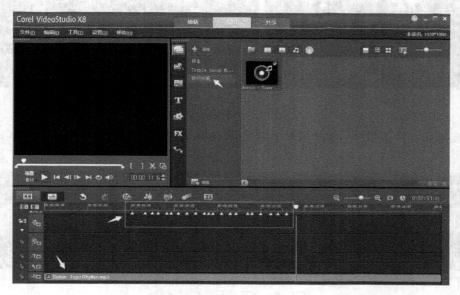

图 5-43　景音乐导入素材文件夹

在导入了音频文件后,如图 5-44 所示,将音频文件拖入音轨,反复听几遍,就可以使用"F5"进行音乐节奏点的标记了,就是图 5-43 中,时间轴上的小三角形,作为初级使用者以章节点进行节奏标记就可以了,如果需要更细致的字幕和音乐的配合,就需要打开混音器,来看音轨的波形了。

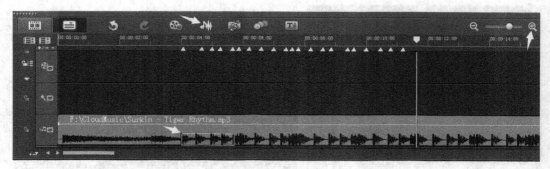

图 5-44　音频音轨

从图 5-44 中可以使用放大镜工具将音轨视波图放大,音乐的节奏点就一目了然了,接下来就是加入字幕的过程了。

2. 以节奏点为标记录入字幕

通过观看苹果公司的广告视频可以看到,所有字幕基本都是以屏幕中心点为基准来制作的,所以字幕也都设置为居中。

图 5-45　设置字幕

在选择好字体字号后,在时间轴上将字幕持续时间与音乐节奏进行配合,如图 5-46 所示。

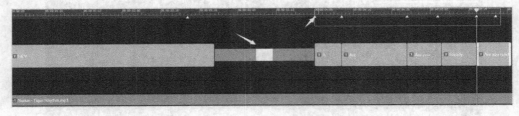

图 5-46　字幕音乐对应时间轴

3. 小技巧提升视频的视觉冲击力

在视频编辑的过程中使用的转场效果在这里依旧适用,适当的添加转场效果可以带来意想不到的视觉收益,而在字幕的效果处理上,还可以用到字幕"属性"工具栏,添加视频动画的效果,如图 5-47 所示。

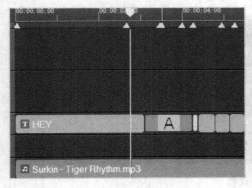

图 5-47　特效字幕

在示例视频中,看到除了黑色背景白色字幕外,还有翻转颜色的的字幕出现,黑色与白色的快速切换,带来很强的节奏感,这个制作方法非常简单,准备一个白色的图片插入覆叠轨中,然后相对应的将该段字幕改为黑色即可,如图5-48所示。

图 5-48　字幕反色处理

提示:在黑色白色的切换中不易过于频繁,这样会让观众产生视觉疲劳,要根据背景音乐的小节,进行合理的布局规划,如图5-49所示。

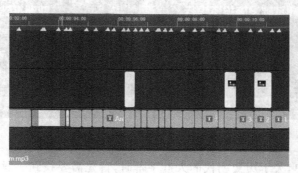

图 5-49　合理规划字幕效果

在出现多个词组需要依照一定的次序出现的情况时,需要巧用复制功能,不断将前一段字幕进行复制操作后,添加进新的字幕,达到短时间的弹幕效果,如图5-50所示。

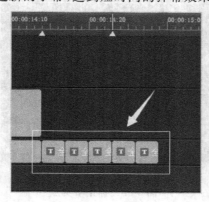

图 5-50　快速复制字幕

提示：在制作弹幕效果的时候不必遵循每条字幕只添加一个关键词，每一条新字幕中，添加不同数量的词语可以达到更好的效果，如图 5-51 所示。

图 5-51　用基础文字编辑方法制作视频效果

在应对本任务中，关于历史朝代的大量字幕时，首先需要找到一段适合快速字幕切换的背景乐，如图 5-52 所示，依照节奏标记好章节点方便用户进行字幕时间的掌控。

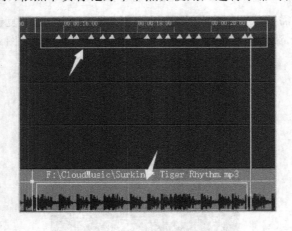

图 5-52　标记节奏点

　　然后依照标记的章节点逐条录入字幕即可,在预览框中,就可以看到快速切换的字幕效果,如图 5-53 所示。

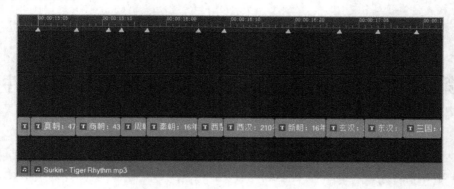

图 5-53　用节奏点切换字幕

　　制作文字快闪视频是对大数量、多条目的非线性视频编辑的考验,可以说是视频制作的基本功。在依照音乐节奏录入好字幕后,就是发挥个人想象创意能力的时候了,利用前面任务中所学的工具就可以对这条视频进行精细加工了,可以将快速切换的字幕变为快速切换的图片,亦可以将其他相关视频剪辑后,加入这条快闪视频中,总之,会声会影 X8 是用户实现视频创意的优秀平台,在这个任务之后,大家可以结合自身特点,选取不同的背景音乐,制作一份独特的自我简介,将自我个性完全展现出来。

第六章　百度脑图——便捷的思维导图软件

学习目标

- 了解常见的思维导图软件，熟悉它们的优缺点。
- 掌握百度脑图的基本界面。
- 运用百度脑图制作思维导图。

任务一　认识思维导图软件

任务描述

思维导图软件是一种革命性的思维工具，对于头脑风暴、项目规划或者将想法变为实际的步骤都是极佳的方式，更让人欣慰的是，现今多种多样的工具可以帮助大家构架思维导图、组织导图元素并保存下来便于后期使用。

下面是 5 种实用的思维导图软件：

（1）Mindjet MindManager（Windows/Mac/iOS），如图 6-1 所示。

Mindjet MindManager 不仅仅是一款思维导图导图软件，它是一套完整定制的软件和

图 6-1　Mindjet MindManager

工具，用来帮助用户进行头脑风暴、掌控项目、任务协作并保证项目高度协调一致执行。Mindjet MindManager 更像是一套完整的项目管理与协作方案，包含了非常强大的思维导图和头脑风暴工具，从头到尾完美设计，帮助用户组织项目、从项目各分支分配任务给不同的人、将所需单独的待做事项和工作完整规划从而保证项目成功，无论用户是管理自己的待做事项还是与几十、几百个人协作，都可以得心应手。另外，Mindjet MindManager 还可以完美结合网路服务及各种软件、工具，如 Microsoft Office，Box，net 等，Mindjet MindManager 更多的获得了企业用户的青睐。

（2）XMind（Windows/Mac/Linux），如图 6-2 所示。

Xmind 已经面世有相当长的一段时间了，且在之前一轮投票选择最佳思维导图软件的

图 6-2　Xmind

时候就已成功跻身前五,在这次的投票中,Xmind 依然倍受欢迎。Xmind 特别灵活,可以在任何桌面系统上完美运行,便于用户轻松通过多种样式、图表和设计形式组织想法和思维。用户可以使用简单的思维导图,也可以选择"鱼骨图"样式的流程图等,还可以添加图片、图表、链接等都对应的主题上。如果用户是项目经理,还可以使用 Xmind 内置的甘特图管理任务,最重要的是,Xmind 是一款免费的开源软件,当然如果有充足的预算,可以使用Xmind Plus 和 Pro 版本,获取更多的功能。

（3）Coggle(Webapp),如图 6-3 所示。

Coggle 是一款在线思维导图工具,简单易用,轻松上手,通过谷歌账号即可直接使用。Coggle 可以自动为分析分配不同的颜色,单击分支可以看见颜色的齿轮,从中选择喜欢的颜色进行修改。导图绘制完成后,可以下载下来存为 PDF 或者 PNG 文件,并与他人分享,允许他人浏览或者编辑导图,用户甚至可以查看自动保存及修改历史记录,所以如果用户查看在邀请别人编辑导图之前导图的样子,即可使用该功能。

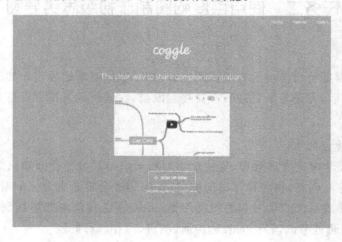

图 6-3　Coggle

（4）Freemind(Windows/Mac/Linux),如图 6-4 所示。

Freemind 是一款免费的 GNU 通用公共授权的思维导图软件,用 Java 编写,可以在任何操作平台运行。Freemind 同样不失为一款功能强大的思维导图工具,提供了复杂的图表以及许多分支,还有嵌入链接及多媒体到思维导图的选项。Freemind 可以导出导图到

图 6-4　Freemind

HTML/XHTML，PDF，SVG 或者 PNG 格式，与一些新的工具相比，Freemind 可能看起来有点过时，但是其在功能上绝不逊色。

（5）MindNode（Mac/iOS），如图 6-5 所示。

MindNode 是一款在 OS X 与 iOS 上运行的思维导图和头脑风暴应用程序，iOS 版本专为触屏设备设计，可以轻松拖动分支、添加结点、连接结点、与他人分享文件等。MindNode 可以自动隐藏当前编辑分支外无关的其他分支、在分支上嵌入图片或截图、创建链接。MindNode 的界面相对来说比较简洁，虽然隐藏了许多功能，但是功能还是很强大的。

图 6-5　MindNode

任务二　使用百度脑图制作初级思维导图

任务描述

百度脑图是百度公司推出的在线脑图工具，它可以很清晰地展现你的思路，让人了解用户的想法，即时存取，方便分享\协同，不受终端限制，在任何地方都可以打开。

知识链接

百度脑图的优点如下：

（1）成倍提高学习速度和效率，更快地学习新知识与复习整合旧知识。

（2）激发联想与创意，将各种零散的智慧、资源等融会贯通成为一个系统。

（3）使用者形成系统的学习和思维的习惯，并能够达到众多您想达到的目标，包括：快速的记笔记，顺利通过考试，轻松的表达沟通、演讲、写作、管理等。

（4）入门简易，可尽快掌握思维导图这个能打开大脑潜能的强有力的图解工具。

任务目标

使用百度脑图绘制"叙事逻辑"思维导图，如图 6-6 所示。

如何使用：

（1）首先需要注册用以登录的百度账号，然后在百度脑图的界面登录，如图 6-7 所示。

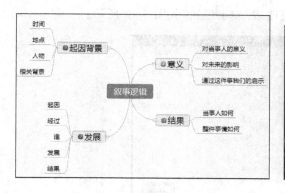

图 6-6　叙事逻辑思维导图　　　　　　　　图 6-7　登录百度脑图

（2）在百度脑图界面里直接可以开始创建脑图，可以使用模板创建用户想要的脑图，方法就是单击百度脑图网页上方的"百度脑图"这几个字如图 6-8 所示。

图 6-8　单击百度脑图图标

（3）在弹出的左侧菜单里单击"新建"，在新建脑图页面里选择你想要的模板，百度脑图共提供"思维导图，组织结构图，目录组织图，逻辑结构图，鱼骨头图"这几类。用户选择自己想要的模板进行创建脑力，本次以思维导图模板为例进行创建脑图，如图 6-9 所示。

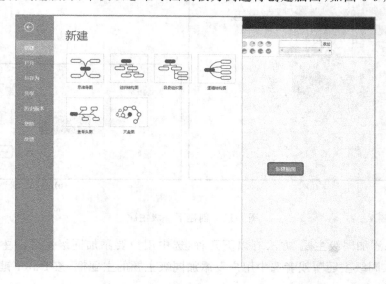

图 6-9　新建分类

（4）双击百度脑图网页中间"思维导图"这四个字，就可以修改这个文字；或者右键单击在"思维导图"这个主题框里，在弹出的右键菜单里选择"编辑"。

鼠标单击"思维导图"这主题框，按 F2 键。这三个方法都可以进入编辑"思维导图"这四个字的方法。本次把"思维导图"这四个字更改成"叙事逻辑"如图 6-10 所示。

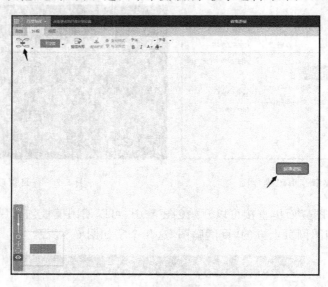

图 6-10　创建思维导图

（5）添加下级主题，方法如下：方法一：鼠标选中那个"主思维"所在的主题框，单击右键，在弹出的右键菜单里选择"插入下一级主题"，输入下一主题的名字就行了；方法二：鼠标选中主题框，按 Tab 键或者 Insert 键，也可以插入下一主题，按照一般叙事逻辑，下一级的主题应是"起因背景""发展""结果"以及"意义"，如图 6-11 所示。

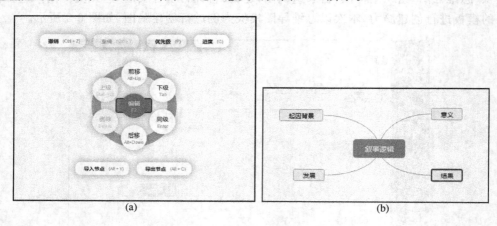

(a)　　　　　　　　　　　　　　　　　　(b)

图 6-11　创建下一级主题

（6）如果添加同级主题，方法有以下几种：选中用户要添加同级主题的主题框，单击右键，选择"插入同级主题"；或者选中用户要添加同级主题的主题框，按 Enter 键即可添加，如图 6-12 所示。

（7）在同级主题里插入主题序号，方法如下：选择要添加序号的主题框，单击见面上部的工具栏"思路"，这样就可以选择个性的"数字"插入了，按照思维顺序，添加"背景""起因""结果"以及"意义"的序号，如图 6-13 所示。

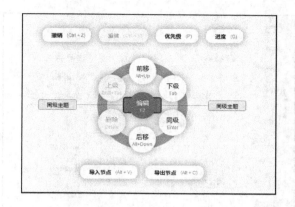

图 6-12　添加同级主题

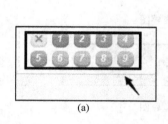

(a)

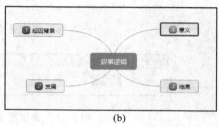

(b)

图 6-13　添加主题序号

（8）为了美观和对称起见，主题框的位置可以直接来调整：鼠标选中你要移动的主题框，拖动鼠标就可以改变主题框的位置，如图 6-14 所示。

（9）依照添加次级主题的方法，我们选择"1 背景"为其添加次级主题，作为背景叙事，需要找到"时间""地点""人物"和"相关背景"，如图 6-15 所示。

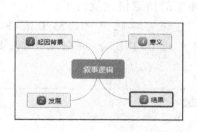

图 6-14　经过整理后的主题排列

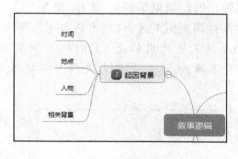

图 6-15　起因背景思维逻辑

与"起因背景"类似，其他三个部分也需要添加逻辑分支：

"发展"需要添加：起因、经过、谁、发展、结果。

"结果"需要添加：当事人如何、整件事情如何。

"意义"需要添加：对当事人的意义、对未来的影响、通过这件事我们的启示。

通过添加后，就得到了图 6-16 所示界面。

提示：完成导图设计后，可以根据需求通过"外观"任务栏对整体色调和文本进行修饰，让思维导图更加美观，如图 6-17 所示。

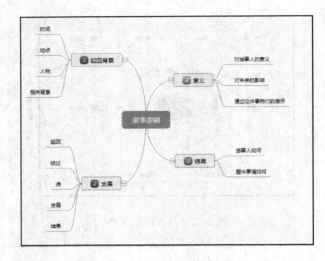

图 6-16　完整思维导图

图 6-17　美化思维导图

（10）经过上面的步骤，就完成了对叙事逻辑思维导图的设计，导图的意义在于严格按照各部分进行套用会让用户的思维逻辑更加严谨和高效。如果要保存百度脑图创建的脑图，它可以保存的方式有两种，一种是保存到用户的百度网盘里，也可以保存到你的本地磁盘里。方法如下：

① 单击见面最左上方的"百度脑图"这四个字。

② 在弹出的左侧菜单栏里，选择"保存"。

③ 在保存到页面里选择"导出到本地"，选择相应的指定格式就行了。

注意：如果用户使用的是 CHROME 浏览器，它还可以把用户的脑图保存为 png 格式，svg 矢量图格式，这两个格式直接可以插入用户的 PPT 或者 word 里使用，如图 6-18 所示。

图 6-18　保存与导出

第七章 网络上传与下载工具

学习目标

- 了解常见网盘与下载工具。
- 掌握百度云的注册与使用技巧。
- 学会用迅雷及相关软件的使用。

任务一 百度网盘 将民用云储存带入日常生活

任务描述

在日常的工作和学习当中，文档、视频、图片、音频等重要资料的保存和分享在过去多数依赖机械存储设备，例如 U 盘、移动硬盘。但这些存储设备在使用过程中会由于种种原因出现数据丢失和损坏，在 2012 年年初，以百度云为代表的一系列基于云技术的网盘的出现从很大程度上改变了人们数据存储与分享的习惯，利用百度云盘，对"学习数据"进行备份，同时使用分享功能分发"调查问卷"。

任务分析

百度网盘（原百度云）是百度推出的一项云存储服务，已覆盖主流 PC 和手机操作系统，包含 Web 版、Windows 版、Mac 版、Android 版、iPhone 版和 Windows Phone 版。用户将可以轻松将自己的文件上传到网盘上，并可跨终端随时随地查看和分享。2016 年 10 月 11 日，百度云改名为百度网盘，此后专注发展个人存储、备份功能。

知识链接

网盘，又称网络 U 盘、网络硬盘，是由互联网公司推出的在线存储服务，服务器机房为用户划分一定的磁盘空间，为用户免费或收费提供文件的存储、访问、备份、共享等文件管理等功能，并且拥有高级的世界各地的容灾备份。用户可以把网盘看成一个放在网络上的硬盘或 U 盘，不管你是在家中、单位或其他任何地方，只要连接到网络，就可以管理、编辑网盘里的文件。不需要随身携带，更不怕丢失。

常见的网盘，如图 7-1 所示。

百度网盘	360 安全云盘	115 网盘	联想企业网盘

腾讯微云	华为云	坚果云	搜狐企业网盘

图 7-1　常见的网盘

1. 文件备份的事前准备

在我们想要"学习数据"进行备份之前,需要准备好备份工具"百度网盘",那就需要从注册成为百度用户开始,"https://pan.baidu.com/"这是百度网盘的官方地址,在浏览器输入后,可以看到网页版百度网盘的用户界面,如图 7-2 所示。

图 7-2　网页版百度网盘的用户界面

在上面选择立即注册,依照图 7-3 所示,按照步骤就可以注册成为百度网盘的用户了,在图 7-2 下方,可以选择需要下载的软件版本,大家可根据使用的系统进行下载即可。

图 7-3　注册百度账号

图 7-4　Windows 版本百度网盘登录界面

提示：一个手机号码只能注册一个网盘账号，手机号码和用户名都可以用来登录网盘。

2．登录云盘，上传需要备份的文件

在使用网盘的时候，网页版和客户端都可以进行文件的上传和下载，这就让网盘的使用环境更加宽泛，下面先看看网页版的网盘如何进行文件储存操作，如图 7-5 所示。

图 7-5　网页版的网盘进行储存操作

界面右侧是对网盘文件的分类浏览标签，右侧有搜索栏，方便大家对网盘文件进行搜索操作，下面的任务是将"学习数据"进行备份储存，所以选择"上传选项"，如图 7-6 所示。

上传文件与上传文件夹都可以满足用户的需求，"上传文件夹"选项为用户提供了更高效率的上传操作，如图 7-7 所示。

图 7-6　上传选项

图 7-7　上传文件夹

单击"确定"按钮后,视网络状况,等待文件上传即可,提示完成后,上传文件的流程就完成了,如图 7-8 所示。

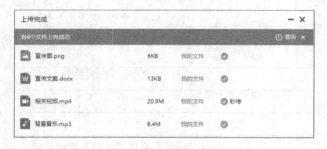

图 7-8　文件上传完成

图 7-9　文件夹上传完成

上传完成后,就可以看到"学习数据"文件夹出现在了网盘文件列表中,单击选择这个文件夹后,就可以看到文件夹后面的选项,包括了"分享""下载"和对文件夹路径进行管理操作,如图 7-9 所示。

使用客户端登录网盘并上传文件的流程方法和网页版相同,如图 7-10 所示。

上传完成后,在百度网盘的客户端就可以以直观的方式看到我们备份的文档了,并可以在这里直接对文档进行预览与编辑,浏览方式与在 Windows 系统中管理文档的方式相同,如图 7-11 所示。

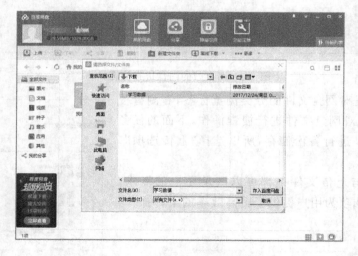

图 7-10　使用客户端登录网盘

提示:在网盘主界面,可以使用鼠标拖拽的方式将文件直接上传至网盘,非常便利。

3. 分发问卷,体验分享功能

百度网盘的优势不光在文件备份上,方便的分享方式为我们网盘中文档的传递提供了便利条件:上传"调查问卷"文档后,右键单击,选择分享功能,如图 7-12 所示。

图 7-11　浏览网盘　　　　　　　　　　　图 7-12　分享功能

　　百度网盘的分享方式有两种：①生成下载链接；②直接发送给百度好友；最常用的是生成链接的方式，对于需要保密的分享文档，多采用加密的形式，系统会自动生成下载口令，只有输入口令才能够进行文件操作，如图 7-13 所示。

(a)　　　　　　　　　　　　　　　　　　(b)

图 7-13　加密分享

　　将系统生成的链接"https://pan.baidu.com/s/1nuEy7q9"复制粘贴到浏览器，输入密码后，就可以下载或转存这个文档了，如图 7-14 所示。

图 7-14　输入密码后下载文档

　　提示： 为维护知识产权打击盗版，百度网盘主要从以下三个方面采取相应措施：第一，在监管力度上,百度网盘成立了专项小组负责审批版权相关资质以及处理审批通过的盗版侵权文件。第二,百度网盘利用技术手段持续对盗版问题进行处理;第三,在产品端,百度网盘增加了明显的用户举报入口,如用户反馈首页以及外链分享右上角等,如图 7-15 所示。

此外,百度网盘还提供了离线下载功能,非常方便用户对网络内容进行下载操作,支持HTTP、FTP、磁力链接和电驴链接的下载,下载内容在网盘中,有需要的情况下,就可以通过网盘下载到 PC 或是手机中,如图 7-16 所示。

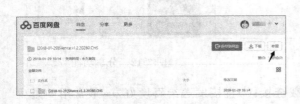 

图 7-15　用户举报入口　　　　　　　　　　　图 7-16　网盘下载

4. 下载手机客户端,拥有更多云储存服务

用户可以在手机应用市场(Android 市场、Apple Store)很方便地找到"百度网盘"应用,安装后,除了正常使用网盘功能后,当用户的手机处于 Wi-Fi 环境下时,手机应用会自动备份手机中新添加的图片、视频和通讯录联系人,如图 7-17 所示。

(a)

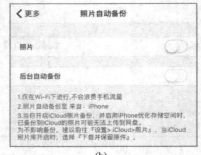

(b)

(c)

图 7-17　网盘备份

　　"百度网盘"手机客户端还为我们分享文档提供了另一种方式——"闪电互传",如图 7-18 所示,闪电互传是百度云推出的数据传输功能。真正实现 0 流量,且传输速度秒杀蓝牙。通过闪电互传功能,用户可以在没有联网的情况下,将手机内的视频、游戏、图片等资源高速分享给好友。

图 7-18　闪电互传

任务二　迅雷软件 P2P 下载的常青树

任务描述

　　在日常的工作和学习当中,用户常常需要对网络上的各类文档、软件、多媒体文件进行下载,学习通过迅雷系列产品来帮助我们下载办公的基础——Office 系列软件。

任务分析

　　作为现在最常见的 P2P 下载软件,迅雷本身不支持上传资源,只提供下载和自主上传。迅雷下载过相关资源,都能有所记录,是一款基于多资源超线程技术的下载软件,作为"宽带时期的下载工具",迅雷针对宽带用户做了优化,并推出了"智能下载"的服务。

知识链接

　　大多数人对 P2P 并不陌生,P2P 的下载概念,简单地说,就是下载不再像传统方式那样只能依赖服务器,内容的传递可以在网络上的各个终端机器中进行。P2SP 除了包含 P2P 以外,P2SP 的"S"是指服务器。P2SP 有效地把原本孤立的服务器和其镜像资源以及 P2P 资源整合到了一起。也就是说,在下载的稳定性和下载的速度上,都比传统的 P2P 或 P2S 有了非常大的提高。迅雷的下载运行就是基于这样的基础技术,同时再加上镜像服务器以及独创的加速功能,使其在众多下载软件中脱颖而出,如图 7-19 所示。

图 7-19　常用迅雷软件

1. 成为迅雷用户　开启下载世界

在迅雷的使用过程中,注册成为迅雷会员会享受到额外的下载技术服务,然而部分功能是需要付费的,是否付费完全取决于用户对软件的使用频度,如果只是偶尔使用,不付费也可以享受到使用迅雷下载而带来的便利,在账号方面,迅雷也可以通过其他社交软件的账号授权完成注册,如图 7-20 所示。

2. 搜索资源,完成下载工作

接下来,以下载 Office 系列软件为例,来展示迅雷下载的操作流程,首先,通过百度搜索找到 Office 软件的下载的官方页面,https://www.office.com/ 找到软件下载地址,如图 7-21 所示。

图 7-20　注册迅雷会员

图 7-21　分流下载镜像网站下载选项

图 7-22　使用迅雷下载

单击迅雷高速下载选项后,由于部分浏览器自带有下载工具,但是只是属于单线程下载,容易出现下载断点而无法完成下载,用户可以在选项中,选择"使用迅雷下载"即可,如图 7-22 所示。

弹出迅雷的下载选项后,选择"立即下载"或"手动下载"就可以开始下载了,如图 7-23 所示。

提示:在一些情况下,可以得到文件下载的地址,或是种子文件,可以直接使用"新建任务选项"

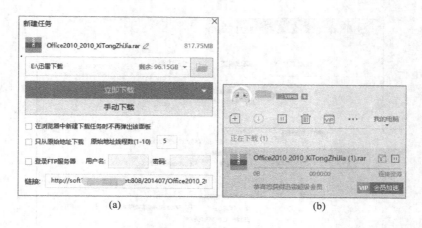

图 7-23　迅速下载选项

直接输入下载地址进行下载，在新建任务时，还可以使用批量新建任务，一次下载同特征的多个下载任务，如图 7-24 所示。

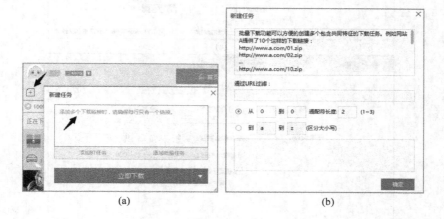

图 7-24　批量下载

3. 巧设置，提高下载效率

当用户的 Office 软件开始下载后，面对一个高达 800 多 MB 的文件，如何能够提高一些下载的速度？通过迅雷软件的设置选项，就可以达到一定的提速效果，下面是一些使用迅雷的小窍门（图 7-25）：

（1）迅雷默认安装是系统分区，安装时可以安装到其他分区，可以在一定层次上避免影响系统稳定性和提高迅雷的执行速度。同上，迅雷默认下载目录也不要指定在系统分区。

（2）修改 TCP/IP 的连接数，默认微软设置只将连接数限制在 10 个，这种设置非常影响速度，特别是对 BT 下载的速度影响很大。

（3）迅雷配置参数的修改，磁盘的缓存设置不要过大，过大的缓存将会占用物理内存，也非常影响系统的运行速度，因此，建议内存 512 MB 以下的用户设置低于 4 096 KB。线程也要全开。

（4）任务不要开得很多，一般只要三个同时进行的任务即可。

（5）关闭"下载完查杀病毒选项"：卡巴斯基的实时监控足以应付下载中和下载后的文

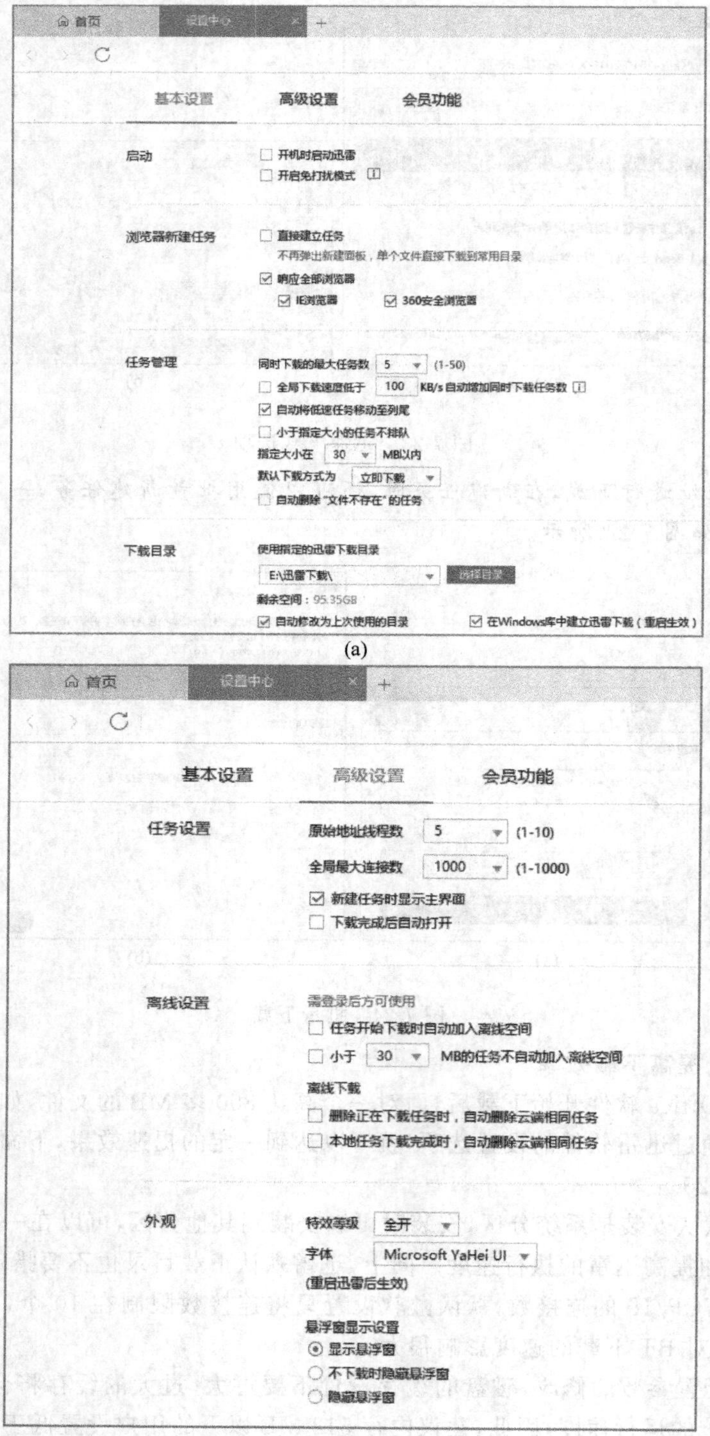

(a)

(b)

图 7-25　迅雷设置页面

件。一般情况下,电影是不带病毒的,带病毒的大多数是.rar、.exe格式的文件,建议有经验的用户可以关闭"下载完查杀病毒选项"。这一选项只在多文件下载时拖累系统,其他杀毒软件用户可以斟酌关闭。

(6)限制上传速度:不限制上传速度将很大程度上降低用户的下载速度。如果用户的迅雷下载速度不稳定的话,可以查看"为什么我迅雷的速度不稳定"一文。经过试验,限制上传速度为1 KB/s时的下载速度为250 KB/s以上,不限制的话就降低到80~100 KB/s了。建议限制上传速度为1~5 KB/s。

(7)停止BT上传:BT下载完成后5.6测试版默认最少继续上传30分钟,目前用户只能在BT任务完成后手动暂停上传了。对于上传速度比较大的用户来说,暂停上传将提高其他任务的下载速度。

知识链接

迅雷使用常见99%问题和解决方法:

(1)因为迅雷采用的是多线程下载,就是说把这个资源分为几个部分同时开始下载,这几部分的下载速度是不相同的,所以连接性好,速度快的部分就可以先下载完成;而文件越大,存在连接不上,或者是速度非常慢的部分的概率就越高,到最后就会停留在最后那一部分一直在搜索和连接而出现这种情况。出现这种情况,并不能表示就一定是这个文件的最后那一小部分下载不了,而可能是整个文件中下载得最慢的那部分。这时可以采用暂停/重下载法来解决,只要选中99%无法下载的资源,选择"暂停任务"命令,之后再选择"开始任务"命令,也可以直接双击它,使其暂停,再次双击,使其重新下载。往往随着一声清脆的"滴"声,资源已经下载完成。

(2)清理临时文件夹和Cookies可以尝试在IE中选择"工具"→"Internet选项"命令,单击"常规"→"浏览历史记录"下的"删除"按钮,在打开的窗口中单击"删除文件"和"删除Cookie"按钮,或干脆直接单击下方的"全部删除"按钮,然后再尝试重新下载资源一次。

(3)用户可以在迅雷9中选择"工具"→"配置"命令,单击"下载安全"标签,然后取消掉所有选择。看能否完成下载,成功后一定要重新选中相应选项,并让迅雷在下载资源后查杀病毒。

(4)如果实在无法下载全99%资源,可以停止下载,然后修改文件名法来使用。但此法只知用于影视文件、音乐文件或压缩包文件。普通影视、音乐或压缩包文件,去掉扩展名".td"就可以了;BT影视、音乐或压缩包文件,去掉扩展名".bt.td";电驴影视、音乐或压缩包文件,去掉扩展名".emule.td"。对于影视文件和音乐文件,可以直接试着用播放器来播放,往往只有最后很少一部分无法播放。对于压缩包文件,可以右击,将其解压。当然一般情况下,其中的文件不可能全部被解压,但由于已经下载了99%,所以一般不会影响使用。

第八章　阅读与翻译工具

学习目标

- 熟悉 PDF 格式文件的特性。
- 熟练掌握使用 Adobe Reader XI 阅读、编辑 PDF 文件。
- 掌握"有道词典"的常规使用方法。

任务一　了解 PDF 基础知识,掌握阅读工具使用方法

任务描述

学术文献常常使用 PDF 格式文件进行分享,而人们在学习这些文献资料时除了需要划出学习重点之外,还需要写下一些备注或对文档进行一些其他的编辑操作,例如这份"计算机学科国内外在线学习网站汇总.pdf",下面来一起通过阅读工具来学习一下。

任务分析

Adobe Reader(也被称为 Acrobat Reader)是美国 Adobe 公司开发的一款优秀的 PDF 文件阅读软件。Adobe 公司设计 PDF 文件格式的目的是为了支持跨平台上的、多媒体集成的信息出版和发布,尤其是提供对网络信息发布的支持。文档的撰写者可以向任何人分发自己制作的 PDF 文档而不用担心被恶意篡改。

知识链接

PDF(Portable Document Format 的简称,意为"便携式文档格式"),是由 Adobe Systems 用于与应用程序、操作系统、硬件无关的方式进行文件交换所发展出的文件格式。PDF 文件以 PostScript 语言图像模型为基础,无论在哪种打印机上都可保证精确的颜色和准确的打印效果,即 PDF 会忠实地再现原稿的每一个字符、颜色以及图像,如图 8-1 所示。

这种文件格式与操作系统平台无关,也就是说,PDF 文件不管是在 Windows,UNIX 还是在苹果公司的 Mac OS 操作系统中都是通用的。这一特点使它成为在 Internet 上进行电子文档发行和数字化信息传播的理想文档格式。越来越多的电子图书、产品说明、公司文告、网络资料、电子邮件在开始使用 PDF 格式文件。

图 8-1　PDF 文件

常见的 PDF 阅读软件,如图 8-2 所示。

(a) Adobe AcrobatReader中文版   (b) Foxit Reader

(c) 百度阅读器   (d) iBooks

图 8-2 常见的 PDF 阅读软件

1. 打开 PDF 文档,共享便捷的知识分享

通过 Adobe 官方网站可以直接下载到最新版本的 Adobe Reader、
Pro 与 Standard 两个版本增添了更多的编辑功能,但对于一般用户只做浏览标记使用的情况下,普通版本就可以满足大家的需求了,如图 8-3 所示,直接可以进行线上安装。

图 8-3 安装 Adobe Reader

安装完成后,可以看到 Adobe 系列软件的欢迎界面以及快捷地打开文档工具栏,如图 8-4 所示。

在欢迎界面中,还提供了 Adobe 关于 PDF 的联机服务,方便用户便捷的进行针对 PDF 文件的操作。选择"我的计算机"打开"计算机学科 国内外在线学习网站汇总.pdf"文件,就可以开始浏览这个文件的内容了,如图 8-5 所示。

2. 在 PDF 文档中标出重要内容

在阅读 PDF 文档的内容过程中,需要标注出重点内容与不需要的内容,这些都可以通过简单的操作实现,当鼠标悬停在文本上方时,指针会变为"I"形状,例如在文档中看到了

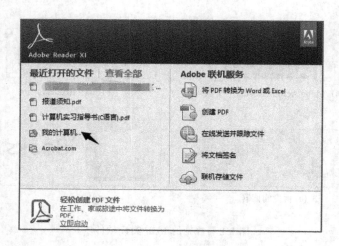

图 8-4　Adobe 系列软件欢迎界面

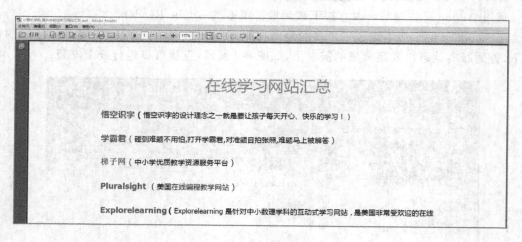

图 8-5　浏览文件

"有道教育"需要向大家推荐,就可以通过鼠标选择"有道教育"的简介,然后右击菜单中选择
"高亮文本"即可,如图 8-6 所示。

同样,如果觉得这段文字不需要,就可以选择"为文本加删除线"就会得到下面的效果,
如图 8-7 所示。

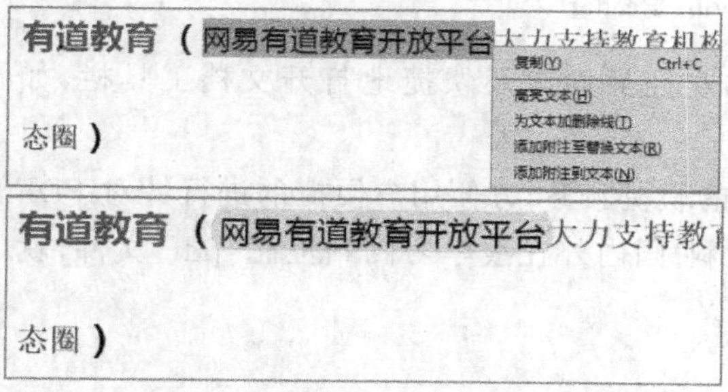

图 8-6　高亮文本

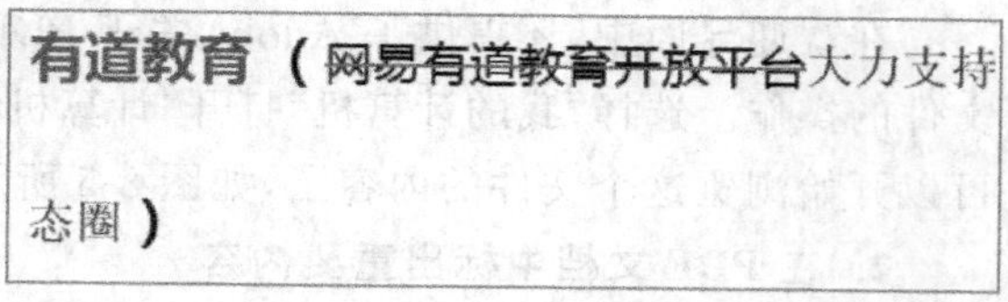

图 8-7　为文本加删除线

在另外一个方面,如果需要对文档中的关注点进行注释或者是需要对部分文本进行替换操作,Adobe Reader 这款软件同样给我们提供了便捷的解决方案,首先像上面标记重点一样选中文本后,右键单击鼠标后选择"添加注释到文本"或者"添加注释到替换文本"就会出现相应的文本框,可以将需要的文本输入进文本框即可,如图 8-8 所示。

(a) 添加注释到文本   (b)添加注释到替换文本

图 8-8 添加注释

提示:在授权完整的 PDF 文档中,选中需要的内容后,通过复制选项就可以将选中的内容复制到 Office 软件中进行文档编辑,但出于对知识产权的保护,多数流通的 PDF 文档是无法进行复制、编辑操作的,如图 8-9 所示。

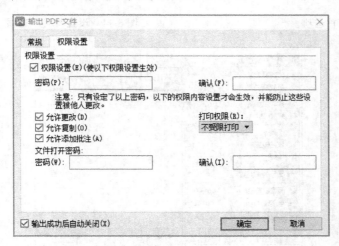

图 8-9 Word 中 PDF 文件输出权限设置

3. Adobe Reader 中的小彩蛋——朗读功能

Adobe Reader 中,朗读功能常常被大家忽略,原因很简单,因为它没有办法直接朗读中文,可以在帮助中,选择"检查更新"选项,然后升级软件到最新版本,之后选择"编辑"工具栏的"首选项"选项,如图 8-10 所示。

在首选项中在打开的"首选项"属性框里面,找到并单击打开"朗读",右边则会显示朗读的详细属性。需要设置的是"音量""默认声音"以及"语音属性"。这些都根据自己的喜好进行设置。设置完成后单击"确定"按钮,如图 8-11 所示。

然后回到文档界面,在上方工具栏里面,依次单击"视图"→"朗读"→"启用朗读",组合键是"Shift+Ctrl+Y"。然后单击文档段落,这时候在耳机中就会听到文字版本的朗读声音了,只是这个语音语调有点生硬,这主要是单词调取时候的生硬语音拼凑造成的。还可以通过"编辑""朗读"里面的"暂停"和"停止"来进行朗读的控制,如图 8-12 所示。

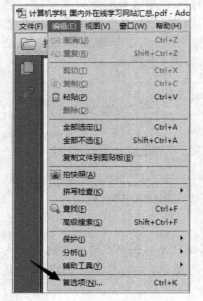

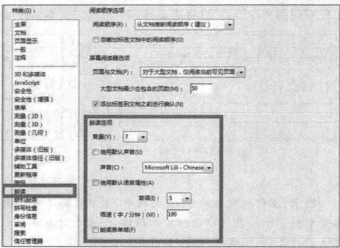

图 8-10　首选项　　　　　　　　　　　　图 8-11　设置"朗读"选项

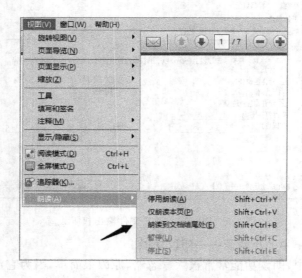

图 8-12　"朗读"选项的控制

任务二　了解有道词典，掌握翻译工具使用方法

任务描述

在上个任务中使用的"计算机学科 国内外在线学习网站汇总.pdf"中，可以看到很多国外 MOOC 学习网站，通过访问这些网站，可以丰富自主学习的途径，但是，语言始终是一道门槛，在这个任务中，需要利用便捷的工具跨过语言门槛。

📖 **任务分析**

有道词典是由网易有道出品的全球首款基于搜索引擎技术的全能免费语言翻译软件，通过独创的网络释义功能，轻松囊括互联网上的流行词汇与海量例句，并完整收录《柯林斯高级英汉双解词典》《21 世纪大英汉词典》等多部权威词典数据，词库大而全，查词快且准。结合丰富的原声视频音频例句，总共覆盖 3 700 万个词条和 2 300 万个海量例句。有道词典集成中、英、日、韩、法多语种专业词典，切换语言环境，即可快速翻译所需内容，网页版有道翻译还支持中、英、日、韩、法、西、俄七种语言互译。

📖 **知识链接**

市面上的翻译软件很多，每款软件基本都提供了线上、线下以及移动端的软件版本，这次选择的是功能比较全面的"有道词典"，其他比较著名的翻译软件还有 Google 翻译器、金山词霸、沪江小 D 还有较为专业的 Trados 和 lingoes。后面两个属于专业领域的翻译软件，而线上短语、短句的翻译最为常用的是 Google 翻译和有道词典，如图 8-13 所示。

(a) Google翻译

(b) 沪江小D

(c) 金山词霸

(d) Trados

图 8-13　常见的翻译软件

1. 安装有道词典，使用基本翻译功能

有道词典是由网易有道出品的全球首款基于搜索引擎技术的全能免费语言翻译软件，为全年龄段学习人群提供优质顺畅的查词翻译服务。2007 年 12 月，有道词典桌面版正式上线，2009 年 1 月，有道词典首个手机版本上线，现已实现全平台覆盖。通过 http://www.youdao.com/官方网站就能完成下载了，安装好后，就可以看到有道词典的主界面了，如图 8-14 所示。

图 8-14　有道词典

在上方的搜索栏输入需要翻译的词语、短句就可以直接进行查询了,有道词典还提供文章的翻译,选择左侧工作栏"翻译"选项,输入内容后,系统会自动识别输入的语言然后翻译为中文,如图 8-15 所示。

图 8-15 "翻译"选项

2. 利用"有道词典"帮助人们翻译学习网站

根据上个任务中的文档,选择了 MOOC 网站中的"https://www.coursera.org/",输入地址栏后,可以看到这个网站的主页,如图 8-16 所示。

图 8-16 Coursera 网站首页

系统识别访问的 IP 为中国 IP,所以提供了一些中文页面,但是主要文字还是英文,在打开"有道词典"勾选左下角的"取词""划词"后,我们把鼠标放在需要翻译的单词上或者选取想要翻译的词语短句,"有道词典"就会很快做出翻译,如图 8-17 所示。

提示:通过"设置"→"取词设置"→"对所有软件开启 ORC 强力取词"就可以让"有道词典"识别图片中的单词了,如图 8-18 所示。

3. 运用"有道词典"进行生词学习与复习

在进行单词查询的时候,单词旁边会有一个☆符号,单击这颗星星,就可以把这个单词输入用户的单词本了,如图 8-19 所示。

(a)取词

(b) 划词

(c)通过划词进行整句翻译

图 8-17 有道词典翻译

(a)

(b)

图 8-18 开启 ORC 强力取词

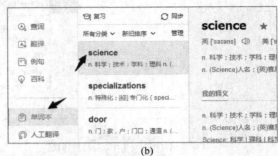

图 8-19　生词学习

图 8-20　单词本的导入导出

"有道词典"提供了单词本的导出与导入功能,方便用户保存生词本内容,在更换平台时,可以保全生词本内容,如图 8-20 所示。

有了这样的翻译软件,对于常见的网页、文献以及各类办公文件中的外语内容就完全不用担心了,还可以通过具体的设置让这本词典更人性化一些,帮助用户翻译更加有效率,如图 8-21 所示。

图 8-21　"有道词典"的设置界面

第九章　屏幕抓图与录屏编辑

学习目标

- 熟悉软件的特性。
- 熟练使用 HyperSnap 软件进行多种方式的截图。
- 掌握 Camtasia Studio 对屏幕录制的基本方法。

任务一　了解 HyperSnap 8 学会对任意目标的截图方法

任务描述

无论是展示工作或是分析学习,对任意界面的截图都是必不可少的,现在腾讯的 QQ 与 Windows 自带的截图软件是较为常用的,但有时这样的截图并不能满足用户对图片分辨率的要求,通过软件制作好的"盛世中国"视频需要制作一个简短的介绍,并印刷成为宣传品,这就对截图的精准程度和分辨率有了较高的要求。

任务分析

HyperSnap 8 是优秀的屏幕截图工具,不仅能抓取标准桌面程序,还能抓取 DirectX,3Dfx Glide 的游戏视频或 DVD 屏幕图。能以 20 多种图形格式(包括:BMP、GIF、JPEG、TIFF、PCX 等)保存并阅读图片。可以用快捷键或自动定时器从屏幕上抓图。它的功能还包括:在所抓取的图像中显示鼠标轨迹,收集工具,编辑图片(加特效,调颜色等),还能选择从扫描仪和数码相机抓图。

知识链接

图像分辨率,如图 9-1 所示。

从上面两张图可以看出,同样的图片内容,经过放大后,图片变得不再那么精细,这是图片分辨率产生了变化,图像分辨率指图像中存储的信息量,是每英寸图像内有多少个像素点,分辨率的单位为 PPI(Pixels Per Inch),通常称为像素每英寸。图像分辨率一般被用于 ps 中,用来改变图像的清晰度。在平面设计中,图像的分辨率以 PPI 来度量,它和图像的宽、高尺寸一起决定了图像文件的大小及图像质量。比如,一幅图像宽 8 英寸、高 6 英寸,分辨率为 100 PPI,如果保持图像文件的大小不变,也就是总的像素数不变,将分辨率降为 50 PPI,在宽高比不变的情况下,图像的宽将变为 16 英寸、高将变为 12 英寸。打印输出变化前后的这两幅图,会发现后者的幅面是前者的 4 倍,而且图像质量下降了许多。

图 9-1   图像分辨率

1. 安装 HyperSnap 8 开始高清截图

通过访问 http://hypersnap. mairuan. com/，就可以获得最新版本的 HyperSnap 8 软件了，按照操作流程，将这个软件装入计算机中后，打开软件，就得到了下面的界面，如图 9-2 所示，位于左上方向的是这个软件的所有选项，按照截图范围、截图大小、截图选项和快捷键依次排开。

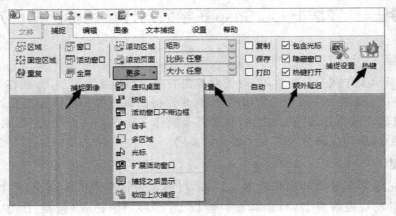

图 9-2   HyperSnap 8 主界面

在这个任务中，要给制作好的视频截图，根据需要，需要使用全屏幕、窗口、区域、按钮这四种基本的屏幕截图的方式。

2. 通过 HyperSnap 8，完成视频画面截图

首先，通过"暴风影音"打开视频"盛世中华"，选取到需要的视频后，使用组合键"Ctrl＋Shift＋F"来进行全屏截图，如图 9-3 所示。

截图完成后，就会显示在 HyperSnap 8 的编辑栏中，如果这张图不需要进行修改操作就可以保存了。

如果需要将播放软件的界面一同截图的话，就需要进行"窗口"截图"Ctrl＋Shift＋W"的操作了，系统会自动捕捉一个界面窗体内的图像进行保存，如图 9-4 所示。

视频局部的截图时，就需要进行区域截图的操作了"Ctrl＋Shift＋R"，这个截图的操作与 QQ 截图的操作方式类似，不过 HyperSnap 8 提供了截图框体形状的选择，让截图有了不一样的选择，如图 9-5 所示。

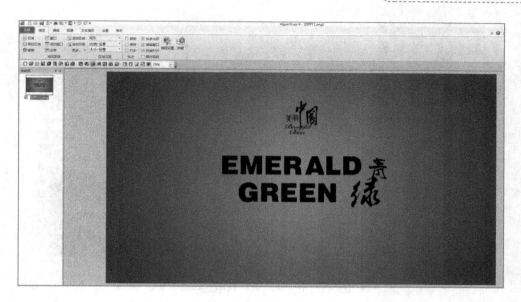

图 9-3　全屏截图

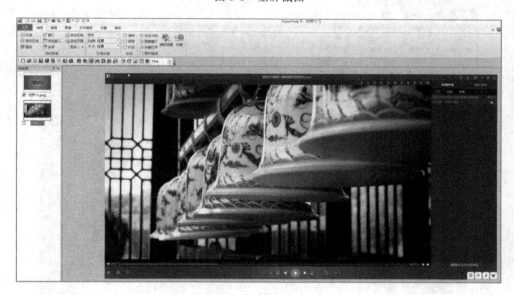

图 9-4　"窗口"截图

矩形截图,如图 9-6 所示。

圆角截图,如图 9-7 所示。

椭圆截图,如图 9-8 所示。

在一些说明类型文件中,常常需要对操作系统、软件的 UI 按钮进行截图,在 HyperSnap 8 中也可以自由实现,那就是按钮截图"Ctrl＋Shift＋B",选择了这个命令后,系统会自动捕捉鼠标位置的 UI 按钮,如图 9-9 所示。

图 9-5　区域截图形状的选择

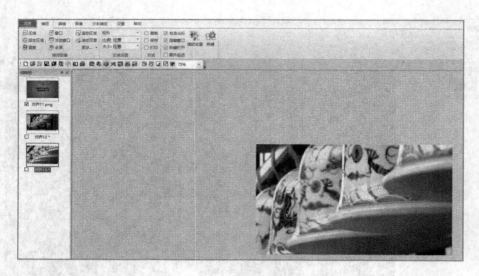

图 9-6　矩形截图

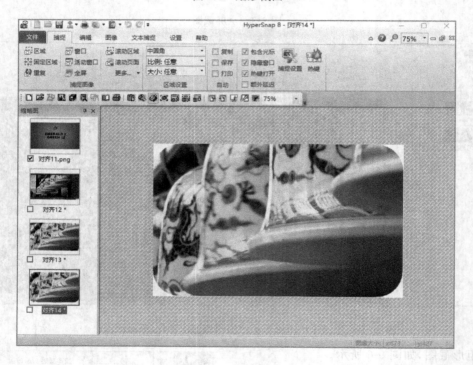

图 9-7　圆角截图

　　提示：在连续截图的工作环境下，可以选择捕捉设置选项，然后选择"快速保存"选项卡，确定要保存截图的文件夹后，就可以快速连续的截图了，并且这些截图会出现在设定路径的文件夹内。

　　3. 完成截图后，进行简单的编辑加工

　　在完成了对视频主要内容的截图后，对于图像的大小、颜色以及画面的基础处理可以先通过 HyperSnap 8 进行粗加工，这里提供的图像编辑选项虽比不上专业的图形软件，但是满足一般的编辑需求还是足够的。

图 9-8　椭圆截图

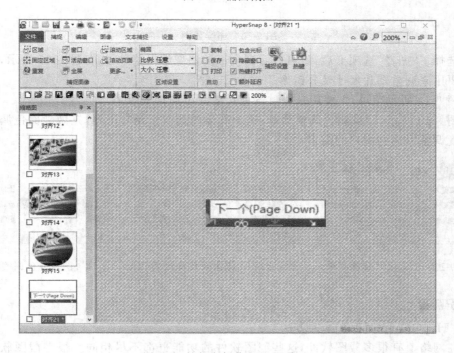

图 9-9　捕捉鼠标位置的 UI 按钮

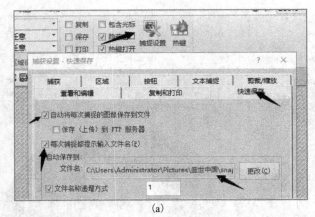

(a)

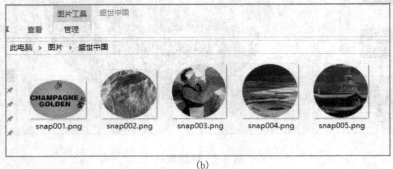

(b)

图 9-10　连续截图

在选择了"图像"选项卡后,就可以看到全部的图像编辑菜单了,如图 9-11 所示,这部分菜单主要用来调整图片尺寸及分辨率。

如图 9-12 所示菜单,主要用来调整画面角度并添加特效效果。

如图 9-13 所示,图像颜色调整菜单,这个部分的选项会经常用到,先做画面色调的调整以及灰度调整以达到用户的需求。

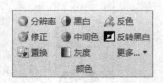

图 9-11　图像尺寸修改菜单　　图 9-12　图像角度及特效菜单　　9-13　图像颜色调整菜单

📚 **知识链接**

(1) HyperSnap 捕捉文本的方法

现在网络上有很多截图软件,这些截图软件的功能也都不尽相同。很多截图软件都只能以图片形式截取,而截图软件 hypersnap 却具备捕捉文本的功能! HyperSnap 捕捉文本的功能设置,轻松解决文本截取的烦恼! 如图 9-14 所示。

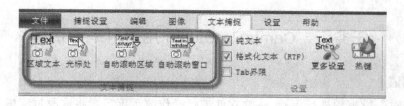

图 9-14　文本捕捉

　　捕捉文本的方式只要简单几个步骤就可以了。首先打开 hypersnap 软件，在功能栏选择"文本捕捉"选项，就会出现一系列的文本捕捉功能选项。针对不同情况，用户可以选择相应的截取方式来截取文本。

　　(2) 截图软件文本捕捉

　　选择所需要的 HyperSnap 捕捉文本方式，即可捕捉网页上的文本(图 9-15)，不论是网站还是文档内的文本，只要是页面上可编辑文本框内的文本，在相应的区域做出选择，Hy-perSnap 捕捉文本功能就会自动将页面的文字截取下来。此时文本捕捉就已经成功了，大家可以任意使用 HyperSnap 所截取的文本。

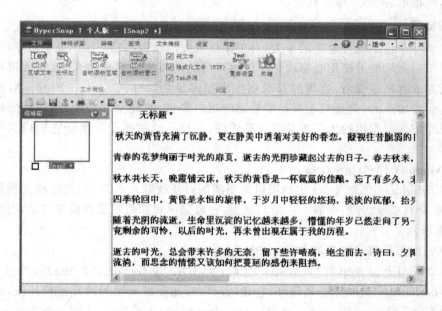

图 9-15　捕捉网页上的文本

　　注：版本 7.19.01 不支持文本捕捉：由于现今 Windows 程序编写方式改变，不再支持通过连接其他程序代码方式以及观察屏幕显示的绘制文字来捕捉文本。老版本将继续支持文本捕捉，但是用 DirectX，DirectWrite 等图形加速技术编写，且拥有较新编程语言和环境(如 Java、NET、Windows 10 或者更新版本)的软件将不再支持任何文本捕捉。

　　通过 HyperSnap 截图，已经可以将视频的骨架通过截图的方式提取出来，然后通过 Of-fice 软件加工出一份"盛世中国 视频推介文案"，但是在现实的工作当中，平面文案在多数情况下，已经不能满足用户的推介、讲解需求了，那就需要通过另一种方式将这份视频做出一个讲解及推荐：Camtasia Studio，可以帮助用户实现这个目标。

任务二 Camtasia Studio 用录屏来做讲解

任务描述

当需要对一段视频进行评论、一款软件进行操作演示等需要将这段过程进行分享时,往往需要将计算机屏幕所显示的内容录制下来并达到所见即所得的效果,同时还需要将这段录制下来的内容进行即时的编辑加工,例如,这个任务中,需要将"盛世中国"这段视频进行加工,制作为"盛世中国 推介视频"。

任务分析

Camtasia Studio 是最专业的屏幕录像和编辑的软件套装。软件提供了强大的屏幕录像(Camtasia Recorder)、视频的剪辑和编辑(Camtasia Studio)、视频菜单制作(Camtasia MenuMaker)、视频剧场(Camtasia Theater)和视频播放功能(Camtasia Player)等。用户可以方便地进行屏幕操作的录制和配音、视频的剪辑和过场动画、添加说明字幕和水印、制作视频封面和菜单、视频压缩和播放。

知识链接

在网络分享越来越普遍化的今天,对于操作流程的录制已经不限于课堂教学内容了,用户之间对于一款软件的使用心得或是单纯地将自己的技艺分享与他人,这就使得用户对屏幕录制的需求越来越强烈,这样的需求催生出很多录制软件,Camtasia Studio 对视频的编辑能力是非常出众的,但是对于真正零基础的用户来说,掌握全部功能还需要些时间,接下来为大家介绍 3 款常用的入门级录屏分享软件,一目了然的操作界面让它们成为初学者的新宠:

1. Windows 10:Win+G 键。

这是 Windows10 为 Xbox 用户提供的便捷的游戏视频录制功能,用便捷的快捷键呼出后,就会有录制菜单,开始录制——录制结束,一段录屏视频就存储在设置好的文件夹中了,如图 9-16 所示。

2. NVIDIA 屏幕录制工具 ShadowPlay

操作方式与上面介绍的"Win+G"类似,NVIDIA® GeForce® ShadowPlay™ 是 GeForce Experience 中的一个全新特性,它让用户能够捕捉高画质的游戏视频片段,对性能的影响微乎其微。ShadowPlay 有三大模式:Shadow 模式、手动模式以及一个 Shadow+手动组合模式。Shadow 模式最长可录制玩家过去 20 分钟的游戏视频。手动模式让用户能够像使用摄录机一样开始和停止录制。组合模式(默认)让用户能够同时使用这两种功能。这款录屏软件的特点在于它支持最高 4K 的录屏质量,能够完整保持画面所有细节,如图 9-17 所示。

3. Bandicam

Bandicam 是一款适用范围较广的录屏软件,它的特色在于:

(1)游戏录制模式

Bandicam 不仅用它可以录制 4 K 的超清视频 还可以用它来扑捉每秒 120 帧数的视频。

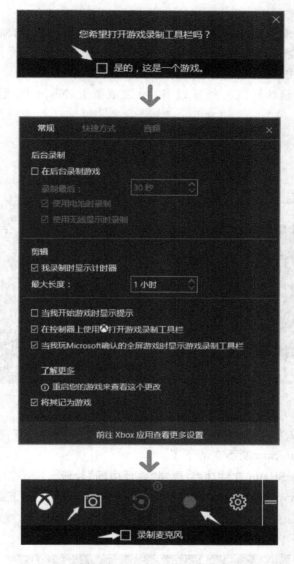

图 9-16　Win＋G 录屏流程

图 9-17　ShadowPlay 的软件特性

（2）屏幕录制模式

Bandicam 可以录制你所有想录制的内容并且可以保存为（AVI，MP4）视频格式或者保存为（BMP、PNG、JPG）图像文件。

（3）设备录制模式

Bandicam 可以录制计算机的外置设备，比如摄像头、Xbox/PS 游戏机、手机、网络电视等。

图 9-18　Bandicam

Bandicam 拥有较为直白的操作界面，在大家深入学习这个任务所介绍的 Camtasia Studio 后，简单的 Bandicam 便不在话下了。

1. 熟悉 Camtasia Studio 软件功能 录制"盛世中国"片段

通过 https://www.techsmith.com/官方网站，可以很轻松的下载到 Camtasia Studio 软件，本文以 Camtasia 9 作为范例为大家来讲解，下载安装完成后，就可以看到 Camtasia 9 的欢迎界面了，如图 9-19 所示。

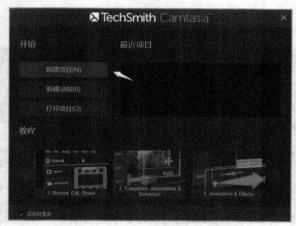

图 9-19　Camtasia 的欢迎界面

选择"新建项目"后，就可以看到 Camtasia 9 的工作界面了，从左到右依次是"工具栏" "媒体库""预览窗口"处于下方的就是用于线性编辑的"时间轴"，如图 9-20 所示。

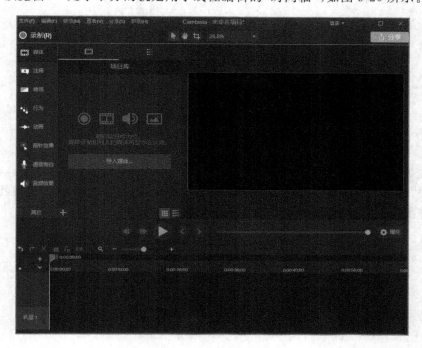

图 9-20　Camtasia 的工作界面

单击"录制"按钮，就可以开始录制我们屏幕上发生的一切内容了，在这里，需要注意的是当只需要录制屏幕上一小块内容时，Camtasia 9 为用户提供了便捷的取景框，就是屏幕边缘的虚线，拖动这个虚线框体就做完了取景范围的设定，十分的方便。

在图 9-21 中，可以看到在录制菜单中，还有"录像设置"工具栏，这个工具栏中是关于除了屏幕图像获取之外，额外的内容的设置：

（1）摄像头设置

在这个选项内，可以将连接计算机的摄像头内容（多数情况下是视频录制者的自拍角

图 9-21　取景框

度)与录屏同期进行录制,类似于声画同步的"现场直播",通过下拉菜单可以选择不同的摄像头作为视频流来源,如图 9-22 所示。

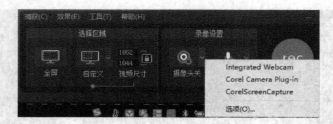

图 9-22　摄像头设置

（2）麦克风设置

录屏中,可以同期录制解说,或是录制来自系统的音频,当然,关闭这个选项就可以录制纯粹的静音视频,供用户后期制作视频来使用,如图 9-23 所示。

图 9-23　麦克风设置

了解了录制操作栏的基本职能、选取好取景大小后,与机械摄像机一样,单击 rec 按钮,系统会用时间倒数作为提示,倒数过后,就可以开始录制我们的操作视频了,如图 9-24 所示。

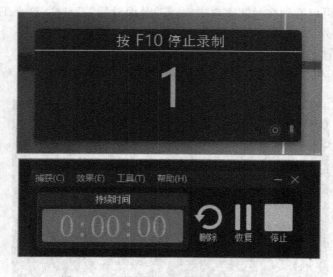

图 9-24　录制倒数与录制期间操作工具栏

2. 为"盛世中国 推荐视频"增加特效

按"F10"按钮结束录制过程后，就得到了整个录屏视频的视频轨，与之前介绍的会声会影相同，在录制的视频出现在了操作界面的时间轴上，如图 9-25 所示。

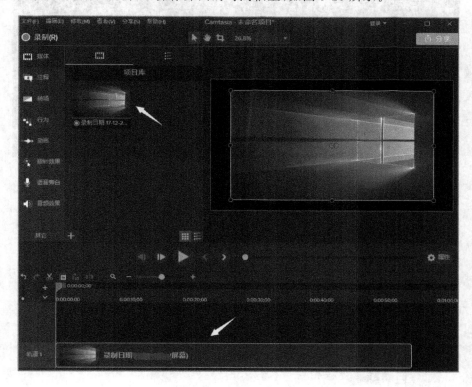

图 9-25 视频轨

由于在录制视频的过程中，由于对于文字解说把控的程度不同，常选择录制静音视频然后在后期加工的过程中加入解说及背景音乐，加入背景音乐的方法与"会声会影"相同，直接将音乐拖入项目库，再拖入下方的时间轴就完成了，而这里着重需要给大家介绍一下旁边的录制，单击左侧工具栏的"语音旁白"然后选择"开始从麦克风录制"，系统就会开始捕获来自麦克风的音频解说，同时会在右侧预览窗口播放刚才录制的视频，方便用户的解说；单击停止后，系统会自动提示另存解说音频文件，方便再进行加工，如图 9-26 所示。

完成旁边的录制后，加上背景音乐，一段完整的操作解说视频就基本成型了，如图 9-27 所示。接下来可以通过左侧的工具栏为视频添加其他效果，如字幕、注释、转场与动画效果，添加方式与"会声会影"相同，大家可以充分发挥自己的想象空间为这段视频添加更炫的视频效果。

提示：在左侧工具栏中，"指针效果"的选项是经常用到的，它的作用是在录屏中，突出鼠标指针的显示效果，方便分辨合适进行鼠标单击，并能清楚帮助大家分辨作者在这时的操作是单击还是右键单击，如图 9-28 所示。

将指针高亮拖入预览区，就完成了添加指针效果的操作，鼠标指针在视频中，将一直保持高亮状态，如图 9-29 所示。

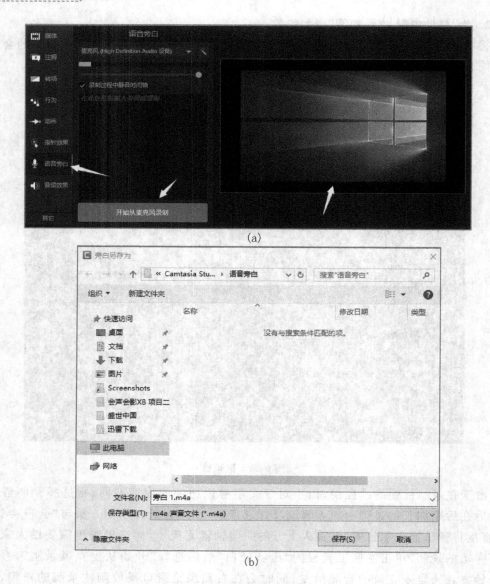

(a)

(b)

图 9-26　旁白的录制与保存

3. 输出视频,将录屏视频输出为所需求的格式。

在编辑完成视频之后,需要选择一个适合的格式进行存储,单击右上角的"分享"按钮,就可以按照预设的格式或是自定义方式进行视频存储了,如图 9-30 所示。

这里向大家介绍一种视频输出的特殊格式,就是带有 HTML5 控制条的视频,也就是只要有支持 HTML5 的浏览器,就可以播放所制作的视频了。如图 9-31 所示,进入自定义生成设置菜单后,选择"MP4-Smart Player",就可以进入视频输出的具体设置菜单了,在设置完成后,选择"预览"就可以在浏览器中看到制作好的视频了。

最后可以看到视频在浏览器中的最终呈现如图 9-32 所示。

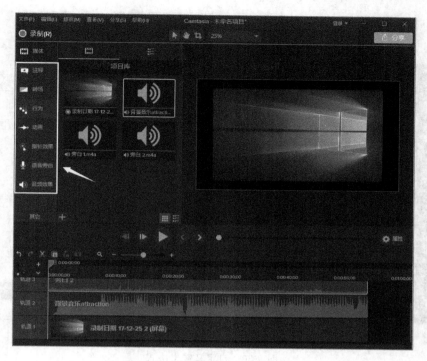

图 9-27　基本成型的录屏视频素材

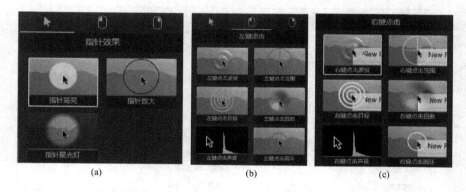

(a)　　　　　　　　　　(b)　　　　　　　　　　(c)

图 9-28　指针效果

图 9-29　指针效果的操作

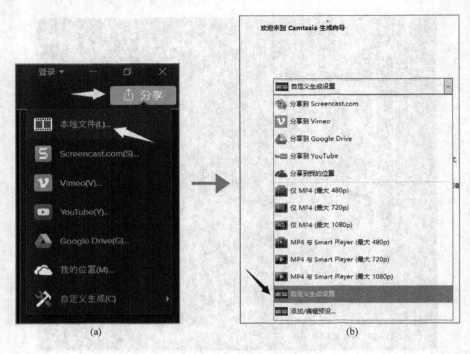

图 9-30　自定义输出格式

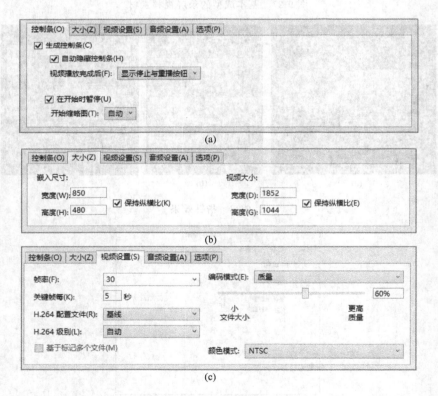

图 9-31　自定义关键选项

图 9-32　MP4-Smart Player 生成视频

第十章　压缩与数据恢复工具

学习目标

- 了解常见数据压缩工具的计算原理。
- 掌握 WinRAR 的使用方法与常用窍门。
- 学习硬盘数据恢复基础知识。
- 掌握 EasyRecovery 使用方法。

任务一　从大变小，数据压缩带来储存与传播的便利

任务描述

在上一章中，为"盛世中华"视频制作了文字与视频的推介材料，但是视频文件清晰度越高，视频文件越大，为了方便上传至网盘，需要对这一系列的文件进行压缩处理。缩小后，占据的存储空间减小了，也方便大家下载。

任务分析

WinRAR 是一款功能强大的压缩包管理器，它是档案工具 RAR 在 Windows 环境下的图形界面。该软件可用于备份数据，缩减电子邮件附件的大小，解压缩从 Internet 上下载的RAR、ZIP 及其他类型文件，并且可以新建 RAR 及 ZIP 格式等的压缩类文件。

知识链接

压缩文件的基本原理是查找文件内的重复字节，并建立一个相同字节的"词典"文件，并用一个代码表示，比如在文件里有几处有一个相同的词"中华人民共和国"用一个代码表示并写入"词典"文件，这样就可以达到缩小文件的目的。

数据压缩的优点体现在以下几点：

（1）节省磁盘空间。

（2）可以把多个文件压缩成一个压缩包，此功能在发送邮件时用处比较大，因为邮件附件多个文件通常要一个个的上传，把多个文件压缩成一个压缩包后就可以完成一次上传了。

（3）可以把一个大文件分解压缩成多个小压缩包，此功能在文件复制中作用比较大，比如现在有个 300 MB 的文件需要复制到别的计算机中，而优盘只有 256 MB，这时候就可以用压缩软件把文件分成两个 150 MB 的压缩包然后分别复制就行了。

（4）此外部分软件如 WinRAR 可以实现对文件的压缩保密保护，就是在形成压缩包的时候添加解压密码，这样生成的压缩包别人没有密码是无法打开的，可以起到一定的文件保密作用。

常见的压缩文件格式有：rar、zip、7z、CAB、ARJ、LZH、TAR、GZ、ACE、UUE、BZ2、JAR、ISO，以及 MPQ。

常见的压缩软件有：WinRAR、Winzip、好压（Haozip），WinZip，7-Zip，WinMount，Peazip，UHARC，FreeARC，360 压缩。

1. 安装 WinRAR 开始压缩吧

通过 http://www.winrar.com.cn/ 官网，可以免费下载到 WINRAR 软件，选定安装路径之后，就可以将 WinRAR 安装进计算机了，如图 10-1 所示。

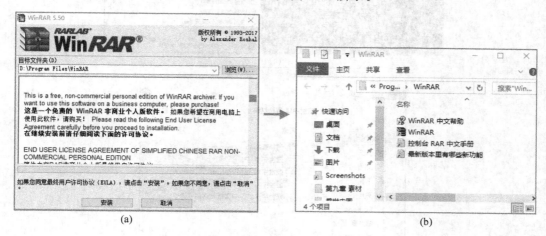

(a)   (b)

图 10-1　安装 WinRAR

完成安装后，鼠标右击菜单中，就会有添加压缩文件的选项了，选中需要压缩的文件后，单击右键之后，有两种压缩方式可以选择：

（1）选择添加到"盛世中华 宣传材料.rar"，经过压缩过程，会自动在当前目录内生成需要的压缩文件，如图 10-2 所示。

（2）选择"添加到压缩文件"，系统会出现压缩选项框，可以对将要压缩的文件进行重命名，并自定义压缩格式、压缩生成的路径、压缩字典大小以及设置压缩密码（用于对压缩文件的保护），如图 10-3 所示。

提示：对于选定压缩文件后，右键菜单中的"压缩并 Email"选项，这项功能是通过微软 Outlook 来进行邮件发送的，实际环境中并不常用。

对于压缩好的文件，如果要将文件解压缩出来浏览，只需要双击"盛世中华 宣传材料.rar"文件，由于我们在压缩时添加了密码，这里就需要输入密码之后，来对文件进行解压缩，在选择好需要解压缩的文件后，有两种方式来解压缩文件：

（1）右键单击 rar 文件，在弹出的菜单中选择"解压文件"这个选项，在弹出的选项卡中，可以选择解压缩的路径，文件就会解压缩在指定的文件夹，如图 10-4 所示。

（2）选择另外两个选项"解压到当前文件夹"就是直接将压缩文件内所有文件解压在当前文件夹，"解压到 盛世中华 宣传材料\"则是以文件夹的形式解压缩在当前文件夹内，如图 10-5 所示。

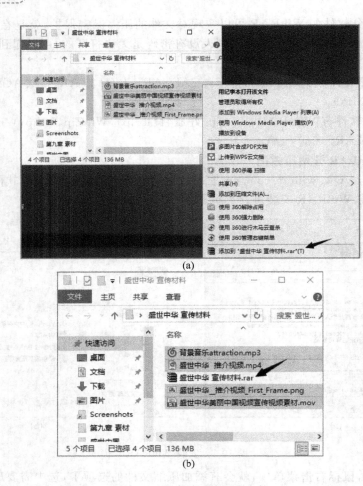

(a)

(b)

图 10-2   生成需要的压缩文件

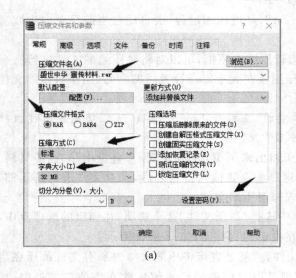

(a)

(b)

图 10-3   压缩选项

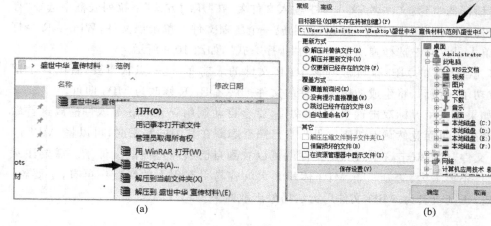

图 10-4　压缩路径

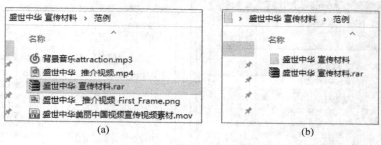

图 10-5　解压到当前文件夹

2. 使用 RAR 应该用到的窍门

（1）用 WinRAR 把文件伪装成 MP3 歌曲

工作生活中我们总会遇到些需要加密的文件，一般我们都会通过 WinRAR 压缩再加密，不过现在暴力破解密码的软件太多往往这样的加密都没有太大作用。把需要加密的文件和一首普通的 MP3 歌曲放置在同一个文件夹中。在 WinRAR 主窗口中选择"文件"→"浏览文件夹"，如图 10-6 所示。

在弹出的对话框中指定该文件夹，单击"确定"按钮后，回到主窗口。按 Ctrl 键的同时用鼠标左键选定要加密的文件和 MP3 文件，执行"命令"→"添加文件到档案文件"，如图 10-7 所示。

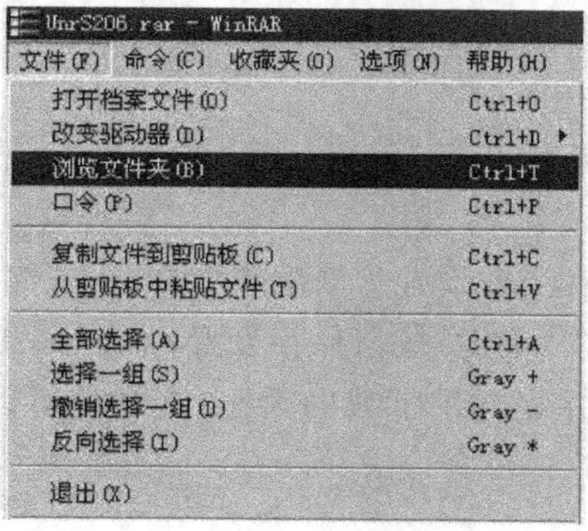

图 10-6　选择"浏览文件夹"

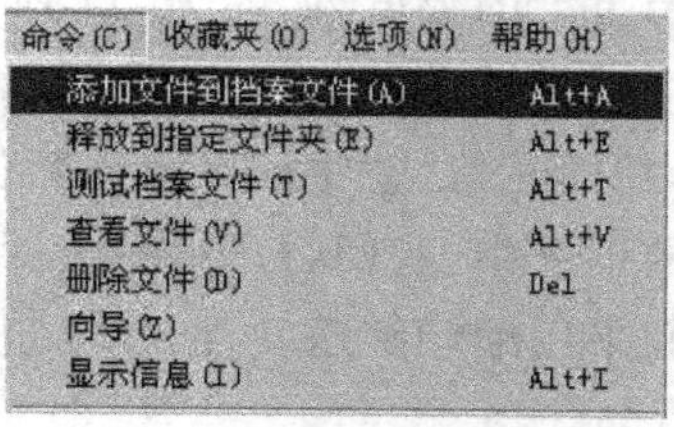

图 10-7　选择"添加文件到档案文件"

会弹出"档案文件名和参数"对话框,如图 10-8 所示。

在该对话框的"档案文件名"文本框中输入文件名,在"压缩方式"下拉列表框中选择"存储"方式,选择不压缩,单击"确定"按钮,就生成一个压缩文件。单击该文件,WinRAR 会打开它,然后单击鼠标右键选择弹出菜单中的"排序方式",如图 10-9 所示。

把你事先准备好的 MP3 文件放到该 RAR 文件的最前面,这一点很重要,否则这个招数就不会成功了。最后,将生成的压缩文件的文件扩展名 RAR 修改为 MP3 即可。

现在,如果有人用鼠标双击这个 MP3 文件,就会自动调用 Winamp 等软件播放这首歌曲,谁也不会想到里面竟然藏有机密文件! 自己想看隐藏在其中的秘密时,可以将.MP3 改名为.RAR 文件,然后双击这个.RAR 文件就可以看到自己藏在里面的文件了。需要注意的是机密文件不要太大,否则一首 MP3 体积太大就容易引起别人的怀疑! 再有,不要给.RAR 加密码,否则改名为.MP3 文件后无法播放出歌曲来。

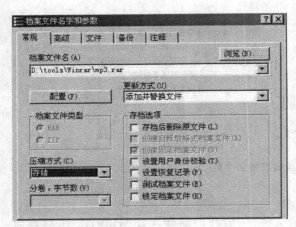

图 10-8 "档案文件名字和参数"对话框

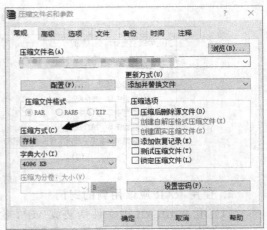

图 10-9

(2) WinRAR 提高压缩速度

有时候使用 WinRAR 压缩大文件的时间总会觉得太慢了,其实 WinRAR 也有很多详细设置,只要设置合理,像压缩速度慢这样的问题也能得到有效的改善。

右键单击要压缩的文件,选择"添加到压缩文件",打开"压缩文件名和参数"设置,将"压缩方式"设置为"标准",如图 10-10 所示。

在"高级"标签中单击"压缩"按钮,打开"高级压缩参数"设置。将"常规压缩"选项中的字典大小选择更大的数值,如图 10-11 所示。

再到"常规"标签中单击"配置"按钮,选择"保存当前设置为新配置",在"配置名"中选择"默认配置",并同时勾选"将配置设为默认值",单击"确定"按钮保存设置,如图 10-12 所示。

在以上的设置中,我们将压缩率设置为标准,并提升了字典的大小,这样就可以利用更大的内存空间来压缩和解压文件,速度也会快很多。

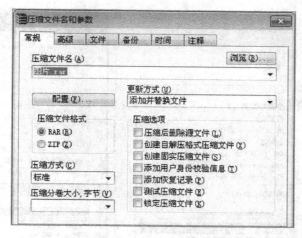

图 10-10 压缩文件名和参数设置

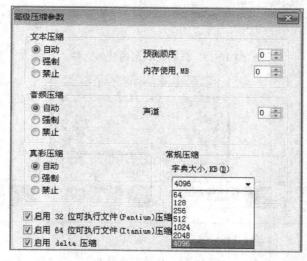

图 10-11 设置字典大小

（3）用 WinRAR 创建分段压缩包

很多需要分享的文档或软件在分享的过程中，由于各类平台的要求，出现了文件大小受限的问题，我们就可以用 WinRAR 将文件分卷进行压缩：

安装好 WinRAR 之后，用鼠标右键单击要创建分割压缩包的目标文件，如图 10-13 所示。

在弹出的窗口里的"压缩分卷大小，字节"里面选择要分割的尺寸！如果是上传论坛附件，选择第一个"3.5"即可，如图 10-13（b）所示。选择完成后单击"确定"按钮，等待压缩完成后，就可以看到分卷压缩的文件了，系统会根据选定的文件大小将需要压缩的文件进行分卷，如图 10-14 所示。

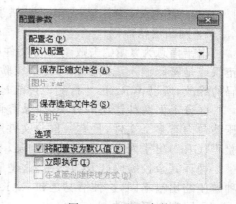

图 10-12 配置参数

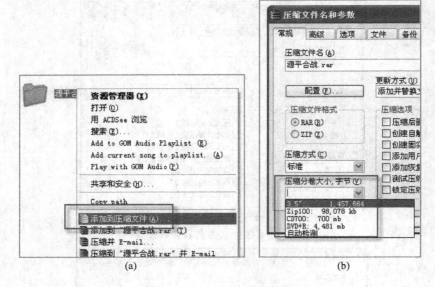

图 10-13　分割压缩包的目标文件

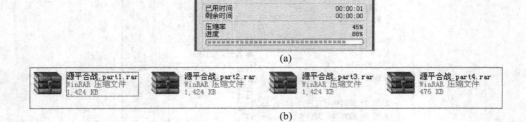

图 10-14　压缩文件分卷

解压时,选择分卷中任意一个,依照上文中介绍的方法进行解压缩即可。

(4) WinRAR 解压缩提示 CRC 错误解决方法

1) 判断出错原因

出错信息为"CRC 失败于加密文件(口令错误?)"(RAR 压缩包设了密码,但密码输入错误或是密码输入正确但循环冗余校验码(CRC)出错! 只不过因为此 RAR 压缩包加了密码的缘故,所以 WRAR 才猜测说可能是"口令错误")。

区分上面两种错误的方法:如果密码输入错误的话是无法解压出任何文件的! 但如果压缩包内有多个文件,且有一部分文件解压缩出来了,那么应该是 RAR 压缩包循环冗余校验码(CRC)出错而不是密码输入错误。

循环冗余校验码(CRC)出错,这是最常见的情况,这也是本文讨论的重点! 和上面的几种解压缩出错不同,这种情况是和 RAR 压缩包损坏有关的。

原因有以下几种:

① 网络传输状况不好(如断线过多,开的线程过多,服务器人太多导致不能连接太多等)导致下载下来的文件损坏!

② 站点提供的的 RAR 压缩包本来就是损坏的(这就没办法了,除非此压缩包中含有回复记录)。

③ 所使用的下载工具不够完善,比如有的下载工具多开了几个线程后,下载的收尾工作很慢,有些时候下载到 99％时数据就不再传输了,一定要人工操作才能结束(先停止下载接着再开始)。笔者就碰到过好几次这样的情况。结果是文件下载下来以后解压缩到快结束时 CRC 出错。

2) 应急解决

① 利用恢复记录

想要修复 CRC 是有条件的,必须是此 RAR 压缩包中有恢复记录,而此恢复记录是 RAR 压缩包被压缩时的可选项。而 WinRAR 压缩时默认是不放置恢复记录的,如果提供的是这样的 RAR 压缩包,那么用户自己想要修复 CRC 错误是不可能的。

② 釜底抽薪

如果 RAR 压缩包中的文件是那种即使文件有缺失仍能正常或较为正常地使用的(其实大多数的文件对部分数据损坏都不是非常敏感的),那便可以使出我们的终极杀招:釜底抽薪法! 其原理就是让 RAR 压缩包内损坏的文件解压缩出来,不理会 WinRAR 的警告,能解压多少就解压多少。解压缩软件还是用 WinRAR,不过要做小小的设置。

在右键单击解压缩文件后跳出的窗口里,把"保留被损坏的文件"复选框选中,单击确定开始解压缩。不要理会解压缩出错的信息,解压缩结束之后你会发现损坏的文件被解压出来了。经过这样解压出来的损坏文件能正常使用的概率还是非常高的。

任务二　紧急救护　为计算机进行数据恢复

任务描述

在第七章中,为大家介绍了网络硬盘的优势,但是在日常的使用环境中,数据绝大多数会存储在机械、固态硬盘当中,这些物理硬盘总会因为种种原因,出现数据损坏的问题,而这些损坏的数据应该如何去恢复,本次的任务就是去探寻数据损坏的原因和处置方法。

任务分析

EasyRecovery 是一款操作安全、价格便宜、用户自主操作的数据恢复方案,它支持从各种各样的存储介质恢复删除或者丢失的文件,其支持的媒体介质包括:硬盘驱动器、光驱、闪存、硬盘、光盘、U 盘/移动硬盘、数码相机、手机以及其他多媒体移动设备。能恢复包括文档、表格、图片、音频、视频等各种数据文件,同时发布了适用于 Windows 及 Mac 平台的软件版本,自动化的向导步骤,快速恢复文件。

知识链接

正常系统下对某个文件删除,都是执行的快速删除,就是将这个文件的文件头删除掉,实际文件其实还存在在硬盘上。如果这时候没有对这一块存储区域进行覆盖数据操作,是可以通过软件对删除的文件进行恢复操作的。这就是硬盘数据删除了还能恢复的原因所在。简单来说就是,用户所删除的数据并没有被删除,只是标记为此处空闲,可以写入数据。举个简单例子:

存储在硬盘里面的数据是这个样子的,如图 10-15 所示。

然后在计算机中删除了第 4 区域的数据,那么它就变成了这个样子的,如图 10-16 所示。

1 使用	apple
2 使用	banana
3 使用	Canada
4 使用	dream
5 使用	Earth

1 使用	apple
2 使用	banana
3 使用	Canada
4 未使用	dream
5 使用	Earth

图 10-15　存储在硬盘中的数据　　　　图 10-16　删除第 4 区域的数据

其实数据还在那里,只不过标记为这一块可以重新写入数据了。新写入的数据就会覆盖现有的"dream"数据。

1. 误删文件的恢复方法

日常复制文件时,对于 U 盘、移动硬盘的使用频率最高,由于某些原因导致 U 盘文件被删除时,可以通过下面的方法使用 Easy Recovery 进行数据恢复。

首先,来模拟一下文件被删除并且回收站被清空的情况:第一张,打开测试文件夹,预览图片 1. jpg;第二张,整个文件夹里面的文件被删除,如图 10-17 所示。

Seagate Backup Plus Drive (K:)			
名称	修改日期	类型	大小
图片1	2018/1/16 10:09	PNG 文件	60 KB
DG2015Setup_1197E	2016/5/31 16:48	应用程序	143,846 KB
Warranty	2013/8/24 0:37	WPS PDF 文档	1,089 KB
Seagate Dashboard Installer.dmg	2013/8/20 23:59	DMG 文件	118,410 KB
Seagate Dashboard Installer	2013/8/20 23:46	应用程序	153,193 KB
BackupPlus	2013/8/15 5:40	图标	550 KB

图 10-17　删除测试 U 盘的照片

恢复"图片 1. jpg":双击打开桌面上的 Easy Recovery 软件图标,会出现主界面,如图 10-18 所示,单击"继续"按钮,出现恢复过程的第一步:选择需要恢复数据的存储介质的媒体类型,如图 10-19 所示,这次的任务是 U 盘数据恢复,所以选择第二个按钮"存储设备"。

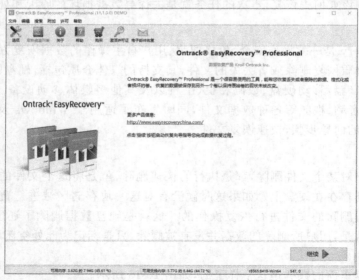

图 10-18　Easy Recovery 安装过程

选择"存储设备"，如图 10-19 所示。

图 10-19 选择存储设备

恢复数据的第二步，选择需要恢复文件的盘符，选择 J 盘，如图 10-20 所示。第三步是选择恢复场景：选择的是被删除的文件，如图 10-21 所示。第四步是浏览下之前选择的几步，如图 10-22 所示。

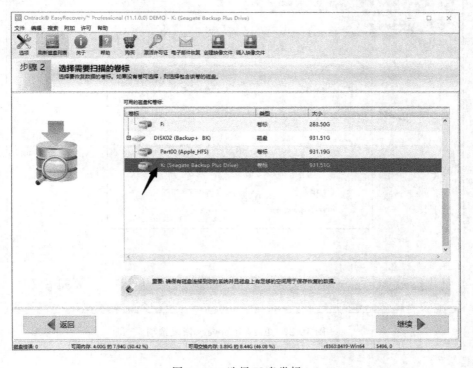

图 10-20 选择 U 盘卷标

图 10-21　软件恢复场景

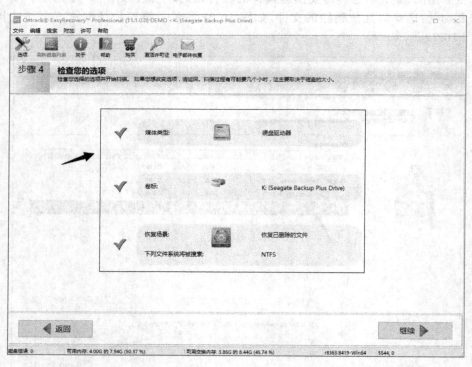

图 10-22　Easy Recovery 恢复选项

2. 检查选项(图 10-22)

开始扫描磁盘,如图 10-23 所示。被恢复的文件,选择需要保存的,并将其保存到合适的磁盘。

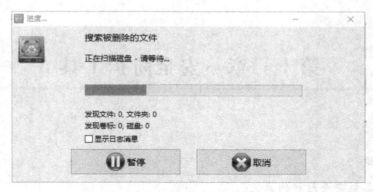

图 10-23　开始恢复并保存到合适盘符

几分钟过后,文件被恢复,按照类别保存在不同文件夹,预览下被恢复的图片文件吧,如图 10-24 所示。

图 10-24　恢复出来的图片

到此,Easy Recovery 恢复文件的流程就结束了,对于其他原因造成的文件损失也可以参照上面的方法,对文件进行恢复,但这种方法仅限于数据受损的文件,不适用于物理损坏的硬盘。

并不是每一个文件都可以被还原:

更少磁盘碎片操作(如果存储介质没有存满,这种情况是很正常的)将提高回收率,因为整个数据是在文件的第一个簇开始储存。

相对文件大小,磁盘容量越小,则恢复的可能性越低。

被覆盖后的数据不能完全恢复。

WindowsFAT 驱动器上经过碎片整理后的数据,如果 FAT 簇链已被清除,则不能恢复;损害和丢失索引信息的数据不能完全恢复。

第十一章　安全防护工具

学习目标

学习目标

- 了解计算机安全防护的意义。
- 掌握计算机安全防护基础知识。
- 学会使用"360安全卫士"等系统防护软件。
- 了解其他安全软件的基础使用方法。

任务　使用"360安全卫士"守护用户的计算机

任务描述

在日常工作和学习中,经常会遇到"计算机的文件无法打开""计算机慢了很多""U盘文件不见了"等问题,这都是感染了计算机病毒的症状,病毒很可能已经入侵到计算机中。所以要求用户在应用计算机的同时进行好病毒的防治工作,使个人计算机运行在一个相对安全的环境当中。信息安全已经成为互联网生活中不可忽视的一个问题。信息安全的实质就是要保护信息系统或信息网络中的信息资源免受各种类型的威胁、干扰和破坏,保证信息的安全性。越来越多的网络购物使得人们对于支付安全的需求越来越高,这个任务中,就一起来守护自己的网络账户吧。

任务分析

360安全卫士是一款由奇虎360公司推出的功能强、效果好、受用户欢迎的安全杀毒软件。360安全卫士拥有查杀木马、清理插件、修复漏洞、电脑体检、电脑救援、保护隐私、电脑专家、清理垃圾、清理痕迹多种功能。并且独创了"木马防火墙""360密盘"等功能,依靠抢先侦测和云端鉴别,可全面、智能地拦截各类木马,保护用户的账号、隐私等重要信息。由于360安全卫士使用极其方便实用,所以用户口碑极佳。

知识链接

《中华人民共和国计算机信息系统安全保护条例》对病毒的定义为:"计算机病毒是指编制或者在计算机程序中插入的破坏计算机功能或者数据,影响计算机使用,并且能够自我复制的一组计算机指令或者程序代码"。也就是说计算机病毒实质上是一种能通过某种途径侵入并潜伏在计算机程序或存储介质中,对计算机资源具有破坏作用的小程序或者指令段。

计算机病毒的概念借用了生物病毒概念,因此计算机具有传染性、破坏性、隐蔽性、寄生性和潜伏性等特性。例如,2018 年比特币敲诈病毒,如图 11-1 所示。

图 11-1 2018 年比特币敲诈病毒

计算机感染病毒后的症状:

(1) 程序运行速度明显下降。

(2) 屏幕显示异常、产生异常画面或字符串和混乱等。

(3) 用户没有访问的设备出现工作信号。

(4) 磁盘出现莫名其妙的文件和坏块,卷标发生变化。

(5) 磁盘引导失败。

(6) 丢失数据或程序,文件长度发生变化。

(7) 内存空间、磁盘空间减小。

(8) 操作失灵,异常死机。

(9) 异常要求用户输入口令等。

当计算机出现上面的症状时,就要使用安全软件对计算机进行"体检"了,不然计算机中的存档文件、隐私信息很有可能会被不法分子通过病毒或是木马进行盗窃。所以,为了减少计算机感染病毒的风险,需要保持一个良好的计算机使用习惯。

(1) 建立良好的安全习惯

例如,对一些来历不明的邮件及附件不要打开、不轻易使用来历不明的软件、定期对所使用的磁盘进行病毒检测工作、对外来文件先杀毒后使用等。

(2) 关闭或删除系统中不需要的服务

在默认情况下,许多操作系统会安装一些辅助服务,如 FTP 客户端、Telnet 和 Web 服务器。这些服务为攻击者提供了方便,如果用不到这些服务就删除它们,能大大减少被攻击的可能性。

(3) 迅速隔离受感染的计算机

当在计算机中发现病毒或异常时应立刻将其断网,以防止计算机受到更多的感染,并对系统进行查毒、杀毒工作。

（4）使用复杂的密码并定期修改密码

有许多网络病毒就是通过猜测简单密码的方式攻击系统的,因此使用复杂的密码并定期对其进行修改,将会大大提高计算机的安全系数。

方法:选择"开始"菜单→"控制面板"命令,在打开"控制面板"窗口之后依次单击"用户和家庭安全""更改 Windows 密码",完成密码的设置及更改。

（5）安装专业的杀毒软件、个人防火墙

在安装了反病毒软件之后,应该经常对其升级、打开主要监控(如邮件监控、内存监控等)。

（6）经常升级安全补丁

据统计,有 80％的网络病毒是通过系统安全漏洞进行传播的,如蠕虫王、冲击波和震荡波等,系统应该处于可自动更新的状态。

方法:选择"开始"菜单→"控制面板"命令,在打开"控制面板"窗口之后依次单击"用户和家庭安全""系统和安全""Windows Update",打开的"Windows Update"窗口如图 11-2 所示。单击"更改设置",在"更改设置"窗口中完成系统自己更新安装设置。

图 11-2 "Windows Update"窗口

（7）使用 Windows 防火墙

Windows 防火墙可以阻止未授权的用户通过 Internet 或网络访问用户的计算机来帮助保护计算机。使用方法如下:

① 选择"开始"菜单→"控制面板"命令,在打开"控制面板"窗口之后依次单击"用户和家庭安全""系统和安全""Windows 防火墙",打开"Windows 防火墙"窗口,如图 11-3 所示。

② 单击"打开或关闭 Windows 防火墙"打开"自定义设置"窗口。在这个窗口中,用户可以分别对局域网和公用网进行设置。其中"阻止所有传入连接"在某些情况下是非常实用的,当用户进入一个不太安全的网络环境时,可以暂时选中这个勾选框,禁止一切外部连接,这就为计算机提供了较高级别的保护。

③ 防火墙个性化的设置可以帮助用户单独允许某个程序通过防火墙进行网络通信。单击"Windows 防火墙"主界面的"允许程序或功能通过 Windows 防火墙"进入设置窗口中。如果要某一款应用程序能顺利通过 Windows 防火墙,单击"允许运行另一程序"按钮来进行添加;反之,也可以将应用程序从列表中删除。

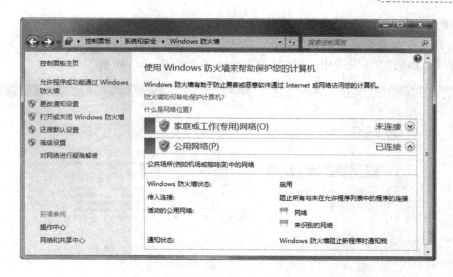

图 11-3 Windows 防火墙

常见的安全防护工具有以下几种,如图 11-4 所示。大家可以根据自身情况,来进行选择使用。

图 11-4 常见的杀毒软件

以上常见的计算机安全工具排名不分先后,每款软件都有其自身的防护特点,用户可以根据自身需求进行选择,但应注意不可同时使用两款及以上防护软件,会有以下弊端:

(1)占用硬盘资源过多;

(2)在同时启用两款软件的实时防护时,会导致系统硬件资源大量损耗,例如,CPU 处理过多,导致计算机工作能力下降;

(3)在进行杀毒时,会导致系统占用资源过多,不但可能影响系统工作能力,还可能误报对方组件,导致其中一款杀毒软件失去作用(遭到破坏)。

不同的杀毒软件在同一台电脑上可以同时安装,但是不要同时开启它们的实时防护,也不要同时进行扫描,否则只会事倍功半的。

1. 使用"360 安全卫士"为系统安全保驾护航

（1）下载并安装 360 系列软件

启动 IE，访问"360 安全中心"网站的主页（www.360.cn），如图 11-5 所示。

图 11-5　360 安全中心主页

"360 安全中心"网站的主页提供了 360 安全系列软件的下载链接。其中，"360 超强查杀套装"包括 360 安全卫士和 360 杀毒两款软件。下载"360 超强查杀套装"完成后启动安装程序，在如图 11-6 所示的对话框中单击"快速安装"按钮，系统会自动完成 360 安全卫士和 360 杀毒两款软件的安装。

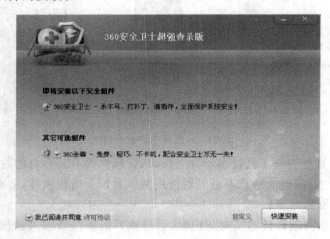

图 11-6　360 安全卫士安装向导

软件安装后，在桌面上生成两个图标，分别是 360 安全卫士和 360 杀毒。这两个软件在安装后都将随操作系统的启动而自动启动、进驻内存，同时打开木马防火墙和实时防护对系统进行保护。

（2）安装系统补丁

双击"360 安全卫士"图标，启动 360 安全卫士，如图 11-7 所示。

图 11-7　360 安全卫士窗口

提示：单击"漏洞修复"按钮，则 360 安全卫士开始扫描系统，检查当前系统还有那些补丁程序没有安装。检测完毕后，系统存在的已知漏洞将分类显示给用户，如图 11-8 所示。在这些漏洞中，提示的高危漏洞必须修复，还有一些其他类型的漏洞可以自行选择。

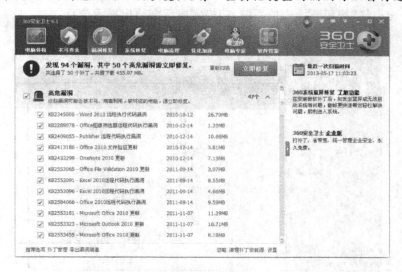

图 11-8　修复漏洞

（3）查杀木马

在"360 安全卫士"窗口中，单击"木马查杀"按钮，进入木马查杀界面，如图 11-9 所示，单击"快速扫描"按钮可完成对系统关键位置的扫描检测。

提示：若考虑查杀的全面性，也可单击"全盘扫描"按钮，对系统所有存储位置进行检测，但比较费时。

图 11-9　查杀木马

（4）查杀病毒

在桌面上双击"360 杀毒"图标，打开"360 杀毒"软件，如图 11-10 所示。有 3 个按钮供用户选择，分别是"快速扫描""全盘扫描"和"自定义扫描"。其中，"快速扫描"只扫描系统关键位置上的文件，"全盘扫描"将所有位置全面扫描，"自定义扫描"是自己选择扫描位置进行局部扫描。

单击"快速扫描"按钮开始扫描系统，扫描完成后会给出提示信息。

图 11-10　"360 杀毒"界面

经过上述操作，大家的计算机系统得到了相应的安全防护。此时，可以放心地进行网上交易操作了。在以后的学习和工作中，大家还需要定期检查并安装补丁程序、升级病毒库等，并对自己的计算机定期进行病毒与木马的清查，从而持久地确保了计算机系统的安全。

2. 定期系统维护保证运行顺畅

在日常的检测木马和病毒之外，"360 安全卫士"还为用户提供了其他的辅助功能，来保证计算机运行的流畅性，计算机在使用一段时间后，就会发现计算机运行开始渐渐地有点慢了。这是因为计算机里各种垃圾软件、碎片、痕迹残留的缘故，应该不定时地进行清理，那么360 安全卫士就可以帮助你做到这一点，如图 11-11 所示。

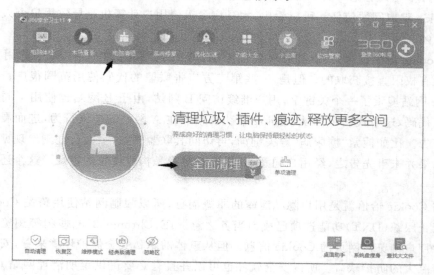

图 11-11　360 安全卫士全面清理

单击全面清理后，软件就会开始自动检索"软件垃圾""系统垃圾""可清理的软件插件""注册表冗余信息"以及"Cookies 信息"，扫描完成后，就会出现如图 11-12 所示，供用户选择清理哪些文件。

图 11-12　一键清理

📖 **知识链接**

Cookie 就是服务器暂存放在计算机里的资料（. txt 格式的文本文件），好让服务器用来辨认计算机。当在浏览网站的时候，Web 服务器会先送一小小资料放在计算机上，Cookie

会帮用户在网站上所打的文字或是一些选择都记录下来。当下次再访问同一个网站，Web服务器会先看看有没有它上次留下的 Cookie 资料，有的话，就会依据 Cookie 里的内容来判断使用者，送出特定的网页内容给你。

实际上，Cookie 中保存的用户名、密码等个人敏感信息通常经过加密，很难将其反向破解。但这并不意味着绝对安全，黑客可通过木马病毒盗取用户浏览器 Cookie，直接通过偷取的 Cookie 骗取网站信任。可以看出，木马病毒入侵用户计算机是导致用户个人信息泄露的一大元凶。

自 Cookie 诞生以来，其就拥有专属性原则，即 A 网站存放在 Cookie 中的用户信息，B网站是没有权限直接获取的。但是，一些第三方广告联盟的代码使用范围很广。这就造成用户在 A 网站搜索了一个关键字，用户继续访问 B 网站，由于 B 网站也使用了同一家的第三方广告代码，这个代码可以从 Cookie 中获取用户在 A 网站的搜索行为，进而展示更精准的推广广告。比如搜索"糖尿病"等关键词，再访问其联盟网站，页面会立刻出现糖尿病治疗广告。如果并未事先告之，经用户同意，此做法有对隐私构成侵犯的嫌疑。这个还处在灰色地带。

跨站 Cookie 恰恰就是用户隐私泄露的罪魁祸首，所以限制网站使用跨站 Cookie，给用户提供禁止跟踪（DNT）功能选项已成为当务之急。IE、Chrome、360、搜狗等浏览器均可以快速清除用户浏览器网页的 Cookie 信息。但从整体的隐私安全保护环境来看，安全软件仍然存在着巨大的防护缺口。所以安全软件也可以并且有必要提供定期清理网站 Cookie，并监测跨站 Cookie 使用的功能，保护用户隐私安全。

除了定期清理计算机中不必要的文件、信息外，360 安全卫士还提供了系统的"优化加速"功能，这项功能会提升计算机的开机、运行甚至网络速度，保证计算机的各项功能高效运转，如图 11-13 所示。

图 11-13　优化加速

扫描完成后，360 软件会列出可优化项目供用户选择，用户可以根据自身需求逐个优化

项目,也可以选择右下角的"全选"按钮来优化软件提供的所有可优化项目,从而让计算机的
运行更加快速、高效,如图 11-14 所示。

图 11-14　立即优化